农户**西瓜**生产经营行为研究

文长存 吴敬学 毛世平 著

中国农业出版社

图书在版编目（CIP）数据

农户西瓜生产经营行为研究／文长存，吴敬学，毛世平著 . —北京：中国农业出版社，2018.6
ISBN 978-7-109-24104-6

Ⅰ.①农…　Ⅱ.①文…②吴…③毛…　Ⅲ.①西瓜－瓜果园艺－研究　Ⅳ.①S651

中国版本图书馆 CIP 数据核字（2018）第 096267 号

中国农业出版社出版
（北京市朝阳区麦子店街 18 号楼）
（邮政编码 100125）
责任编辑　刘明昌

北京中兴印刷有限公司印刷　新华书店北京发行所发行
2018 年 6 月第 1 版　2018 年 6 月北京第 1 次印刷

开本：880mm×1230mm　1/32　印张：7
字数：200 千字
定价：36.00 元
（凡本版图书出现印刷、装订错误，请向出版社发行部调换）

前言
FOREWORD

　　农业发展必须以微观组织为依托，而在农业微观组织体系中，农业家庭经营组织具有天然的合理性，无论是我国还是世界其他国家农业发展实践，都充分证明了农业家庭经营的有效性和在家庭经营基础之上实现现代化的可能性。家庭经营是我国农业生产的基本经济制度，农户家庭经营在我国农业生产中的主导和基础地位，并不会随着创新农业经营体制、规模化经营等农业现代化改革举措而削弱。家庭联产承包责任制的推行使我国千家万户的农户成为独立决策经营的市场主体，越来越开放的农产品市场使得农民自主或不自主地卷入市场。但传统家庭经营弱小与分散的缺陷，使其难以适应市场经济和和社会化大生产要求，这一问题随着在经济全球化和我国市场化改革深入发展越来越突出。如何解决小农户与大市场的矛盾？小规模经营与现代农业集约经营的矛盾？如何使农业家庭经营适应现代化、市场化？这是当前中国农业面临的战略问题，也是提高农户收入所要探讨的核心问题。

　　破解这一问题，小农户有以下三种策略可供选择：①成为兼业户，扩大或寻找非农收入来源；②转移到非农部门，脱离农业；③适应现代农业发展要求，通过提高农业生产的专业化、商品化水平，增加农业经营收入。

农户选择哪一种策略（或混合策略）取决于服务市场、产品市场、劳动力市场的准入条件和小农在以上市场的竞争力。囿于我国农村人口基数大，自身文化素质、技能较低等因素的制约，农户从事非农产业经营的机会较少。因此，通过提高农业生产经营的专业化和商业化水平，增加农业内部经营收益，仍然是我国相当一部分农户的占优策略选择。劳动力密集型高价值农产品的生产经营，不仅能促进农民增收，而且能容纳更多的劳动力。

西瓜作为高价值农产品的代表之一，在20世纪80年代初其市场已经放开，供需由市场调节，是我国市场化程度最高的农产品之一，其专业化和商品化生产特征明显。目前农户仍然是西瓜生产经营的绝对主体，西瓜农户是研究农户市场行为较好的依托对象。基于此，本书以高价值农产品生产经营农户——西瓜农户为对象，以农户经济学、微观经济学为基本理论指导，以不同规模、不同模式为研究视角，以一手抽样调查数据为支撑，按照西瓜产业链的基本结构，对西瓜生产经营过程中的关键环节的关键农户行为（产前的种植决策行为、产中的农户生产技术效率、产后的销售行为，以及贯穿产前、产后、产中的风险认知及规避行为）进行了理论到实证的深入分析。书主要研究内容与主要结论如下：

第一，实证分析农户西瓜种植意愿及其影响因素。结果表明：①农户西瓜生产是以市场为导向的商品性生产经营行为。目前农户西瓜种植调整决策中的首要制约因素是劳动力问题，其次是比较效益趋降、技术制约、市场价格波动大等问题；②农户高价值农产品种植决策行为很大程度上取决于农户风险态度，农户禀赋因素中户主受教育年限、家庭人口规模、西瓜收入占家庭总收入的比重、参加培训以及市场因素对农户扩大高价值农产品意愿有显著正向影响，上期播种面积、户主年龄对农户扩大高价值农产品种植决策有显著负向影响。

第二，实证分析农户西瓜生产技术效率及其影响因素。结果表明：①经营规模与农户生产技术效率呈"倒U形"效应关系，中等经营规模农户的技术效率大于小规模农户和大规模农户，全体样本户生产技术效率均值为0.803。②在三组经营规模样本中，教育、种植经验、务农劳动力人数对农户生产经营的技术效率有显著正向影响。西瓜经营面积占家庭经营面积比重变量对农户生产技术效率有显著抑制作用。③不同种植模式农户技术效率差异显著，设施种植农户技术效率显著高于露地种植农户的技术效率。采用设施栽培模式能显著提升中等规模组样本农户的生产技术效率。采用间作生产模式能显著提高大规模组样本农户的生产效率。

第三，实证分析农户西瓜销售行为及其影响因素。主要结论如下：①不同地区农户西瓜销售信息获取来源及行为存在显著差异。农产品生产专业化、集聚度水平的提高有助于提高农户市场信息获取的质量和销售渠道的稳定性，降低农户市场信息搜寻、分析辨别等交易成本。②不同规模和不同地区农户主要销售渠道存在差异，小规模农户更倾向于"农户市场"直接流通模式，规模越大的农户越倾向于通过经纪人和商贩等中介进行销售。专业化、市场化程度越高的地区，农户销售渠道越稳定、越集中。生产专业化程度的提高和经营规模的扩大将促使农产品销售方式由纯粹的市场交易方式向市场分工协作方式转化。③交易成本对不同规模农户销售行为的影响存在显著差异。销售本身也需要一定的规模经济效益。降低交易成本能够增加农户市场参与机会。

第四，实证分析农户西瓜生产经营风险认知及规避行为。结果表明：①市场风险是高价值农产品生产经营的主要风险来源。不同规模农户对西瓜生产风险和市场风险的主要来源认同一致；不同地区农户对西瓜生产经营风险认知存在差异，生产种植越分散、产业聚集度越低的地区农户面临更高的生产经营风险。专业化程度越高、集聚度越高的地区农户面临市场价格波动风险越小；栽培方式对农户市场价格波动风险影响显著，设施栽培农户面临着更高的市场价格波动风险。②农户普遍倾向于以提高自身经营管理能力作为主要规避风险策略，农户对借助外部力量弱化农业生产经营风险需求强烈，但目前外部力量对于帮助农户规避风险的作用微弱。经营规模越大的农户寻求提高组织化程度、专业化经营规避风险的意愿越强烈。规模较小的农户倾向于通过多元化种植来降低生产经营风险；露地种植的农户更偏向于选择市场风险规避措施，设施种植农户倾向选择产量风险规避措施。

基于以上结论，提出如下主要政策建议：重视农户人力资本投资，多渠道提高农户素质；培育和完善多层次的农业市场服务组织；加强农业农村信息化建设和基础设施投资；完善农业保险制度，创新农业保险供给；做好产业规划，引导农户高价值农产品生产向优势区域集聚等。

目录
CONTENTS

第一章 导 论

1.1 问题的提出

1.1.1 研究背景

西瓜是一种世界性的园艺作物,栽培范围广泛,全球范围几乎都有种植。西瓜栽培历史悠久,对西瓜的文字记载最早见于《圣经·民数记》。我国关于西瓜的文字记载始于五代时期的后汉高祖永福十二年(947),由回纥(即回鹘、维吾尔)引入西瓜,因系来自西域,因此称为"西瓜"。中原地区引种西瓜始于南宋(1129—1143),通过"丝绸之路"(silkroad)传入内地后首先在黄河流域种植,到南宋时在江南大面积种植,清代时期除了西藏外全国各地均开始种植西瓜。自改革开放以来,经过阶段性、波动性扩张,中国已成为世界最大的西瓜生产国和消费国。中国西瓜生产规模已经连续 20 多年位居世界第一,2013 年中国西瓜收获面积达 183.98 万公顷,占全球总面积的 52.73%;产量达7 318.88万吨,占全球总产量的 66.97%(FAO,2014)。近年西瓜产量占全球水果总产量的 13%左右,仅次于香蕉,居全球各国水果品种第二位(表 1-1)。在我国十大果品中,西瓜播种面积仅次于葡萄、香蕉、柑橘和苹果。"十一五"期间,中国西瓜播种面积已经超过麻类、糖料、烟叶、药材等传统经济作物。2010 年中国西瓜产业产值达到 1 740 亿元,占种植业总产值 6%

左右，在部分主产区更高达 20%（马跃，2011）。西瓜是我国重要的鲜食水果，据不完全统计，目前我国西瓜的年人均消费量在50 千克左右，消费量占全国 6—8 月夏季上市水果的 60%左右，是世界西瓜人均消费量的 3 倍多。西瓜生产在促进中国水果产业发展，促进农业增效、农民增收，满足居民营养膳食消费多样化方面需求发挥了重要作用。

表 1-1　全球西瓜产量在水果中的地位

单位：万吨，%

年份	西瓜	苹果	香蕉	柑橘	葡萄	水果	西瓜占比
1970	1 957.8	2 700.6	3 149.7	2 493.1	5 594.2	25 971.9	7.54
1980	2 640.7	3 394.3	3 704.4	4 001.5	6 649.4	32 998	8.00
1990	3 487.2	4 104.6	4 994.4	4 970.6	5 974.7	38 805.8	8.99
2000	7 660.9	5 908.6	6 822.6	6 381.9	6 484.9	55 608.2	13.78
2010	10 136	7 050.3	10 867.6	6 951.6	6 732.5	72 013.2	14.08
2011	10 248.5	7 603.4	10 919.5	7 125.6	6 945	74 215.4	13.81
2012	10 527.1	7 765.9	10 779.7	6 888.2	6 912.6	75 223.1	13.99
2013	10 812.9	8 185.5	11 068.7	7 063	7 644.6	78 315.6	13.81
2014	11 100.9	8 463	11 413	7 085.6	7 450	80 090.2	13.86

资料来源：FAOSTAT 数据库。

近年来我国粮食连年增产，供求总量基本平衡，但结构性矛盾突出，推进农业供给侧结构性改革势在必行。农业供给侧结构性改革的基本含义是农产品的供给结构要真正由市场来引导。西瓜作为我国市场化程度最高的农产品之一，在矫正要素配置，提高供给结构对需求变化的适应性和灵活性中具有重要地位。具体表现为：①西瓜的种植具有很强的适应性。在我国除少数高寒地区不适应种植外，其他地区均可广泛种植，具有短、平、快的特性，生产周期短，调整灵活。与园林水果相比，园林水果的生长周期较长，园林水果用地转换为粮食用地成本较高，灵活性差。西瓜生长的普适性和调整的灵活性等特点使得在我国农业供给侧结构性改革中，种植西瓜既能促进农民增收又能充当粮食储备用地，调剂盈缺。②西瓜生产经营比较收益较高。在农业生产比较收益降低的大趋势下，水果类农产品是符合消费者消费需求升级与趋势的高价值农产品。与其他作物相比，水果生产仍保持较高的比较效益，推动面积潜力大，特别是在西南、西北和北部地区。"十三五"期间，发展水果生产将是国家扶贫攻坚战略中精准扶贫的一个极其重要的产业选择。

1.1.1.1 中国西瓜产业面临转型压力

中国西瓜产业从改革开放以来发展迅速，主要表现在种植面积与产量的大幅扩张与增长。我国西瓜种植面积从中华人民共和国成立到 2014 年的时间里大致经历了总量短缺（中华人民共和国成立至 20 世纪 60 年代初）、生产恢复（20 世纪 60 年代中期至 1977 年）、快速增长（1978—2002 年）以及波动性小幅增长（2003 年至今）四个阶段。在快速发展阶段，西瓜种植面积从 1993 年的 85.87 万公顷增加到 2002 年的 184.683 万公顷，年平均增长 10.979 万公顷；在波动性增长阶段，西瓜种植面积从 2003 年出现了负增长，到 2004 年种植面积降到 166.005 万公顷（相比 2002 年减少了 18.678 万公顷），此后西瓜种植面积在波动中趋于平稳，基本上呈现"增两年、减两年"的规律。从西瓜产量变化角度来看，从 1996 年的 2 806.69 万吨增加到 2002 年的 6 256.31 万吨，年平均增长 574.94 万吨，除了 2003 年和 2004 年的产量连续下降之外，由于生产水平的不断提高，2005—2014 年产量一直处于小幅上升阶段。

目前，随着西瓜总产量的大幅度提高，西瓜市场供求基本平衡，丰年有余。西瓜市场不时出现季节性、区域性产销失衡，丰产不丰收的"卖瓜难"现象；西瓜生产机械化水平低，随着劳动力老龄化问题的凸显、用工成本和物质投入要素成本上涨，西瓜产业的比较效益面临下降压力；同时还面临着耕地资源被挤占、用水供求矛盾突出等自然资源约束，以及由于化肥、农药等投入品不合理使用，造成的耕地质量下降、农业面源污染日益严重等环境问题；随着全球气候变暖，极端天气事件发生的频率增加，加上栽培方式、栽培品种更迭等因素的影响，西瓜病虫害发生种类趋多，西瓜产业受极端天气与病虫害影响越发明显。此外，随着消费者对西瓜质量要求提高和信息技术快速发展，非气候因素引起的质量安全事件对西瓜生产经营的影响冲击越来越大。例如，青岛"毒西瓜"事件出现后负面信息传播速度非常快，一度出现当地消费者听到西瓜就摇头说不敢吃的局面，造成多地西瓜滞销。同时其产地海南也经历了一场严重的食品安全危机和公共形象危机。西瓜产业发展面临的内外困局都表明，以种植面积和产量扩张的传统发展模式难以为继，迫切需要转变发展方式，破解水土等资源约束和适应市场需求变化，提高生产效率和市场适应能力，走内涵式发展道路。

1.1.1.2 小农户需要适应大市场

在经济全球化和我国市场化改革深入发展的背景下，小农户面临着更大的市场机遇和挑战，突出表现在如何使农业家庭经营适应现代化生产。家庭联产承包责任制的推行使千家万户的农户成为独立决策经营的市场主体，越来越开放的农产品价格使得农民自主或不自主地卷入市场。20 世纪 90 年代，发展中国家地方性的、零散的小市场逐渐向集中化、大型化的批发市场转变，超市迅速崛起。以超市为代表的现代化市场采购模式，对农产品标准、食品安全、供应的可靠性等要求提高，这一变化给小农户生产者带来挑战。然而，目前千家万户分散的小农户生产不能与大市场有效对接，农户生产产前、产中、产后环节没有连接为一个完整的产业系统，产业链条短，生产过程中没有形成高度专业化、社会化的产业格局，严重制约了农业产业的持续发展能力和竞争能力。小规模家庭经营的效率缺陷日益凸显，分散的小规模农户的利润空间受到上下游产业的挤占，农产品经济价值的实现越来越难，农户的利益无法得到保证，提高农民收入成为难题（纪良纲和刘东英，2006）。

随着我国居民收入水平的提高，居民消费需求结构逐渐转型升级，原有的农业产业结构和产品结构受到冲击，市场供求矛盾凸显，急需进行产业结构优化和产品质量提升。这一供求矛盾实际上是农地分散经营与现代化生产的矛盾，解决这一问题实际上就是要解决一家一户的小农户如何进入大市场的问题，也只有解决这一问题，也才能解决农产品市场供求矛盾、农民增收困境等问题。

在市场化改革深化和农业生产收益趋减的背景下，小农户有以下三种策略可供选择：①成为兼业户，扩大或寻找非农收入来源；②转移到非农部门，脱离农业；③适应现代农业发展要求，通过提高农业生产的专业化、商品化水平，增加农业经营收入。农户选择哪一种策略（或混合策略）取决于服务市场、产品市场、劳动力市场的准入条件和小农在以上市场的竞争力。囿于我国农村人口基数大，自身文化素质、技能较低等因素的制约，农户从事非农产业经营的机会较少。而适应市场消费升级需求的农产品生产经营，尤其是从事劳动力密集型高价值农产品的生产，不仅能容纳更多的劳动力，而且能促进农民增收。因此通过提高农业生产经营的专业化和商业化水平，增加农业内部经营收益，仍然是我国相当一部分农户的占优策略选择。专业化、商业化的市场化经营可以将现代农业生产要素的信息、技术、服务及资金输向微观经营主体，持续提高农业竞争力。现代农业市场是一个开放的系统，小农户要在不断开放的市场中生存，就需要因势利

导，在开放中获取新的生机和活力来发展自己，主动适应大市场
的发展。

1.1.1.3　农户经营市场化是理论关注的重要研究课题

我国农户在农业市场化改革前被限定于农业生产环节。市场
化改革后，农户重新作为独立的生产经营主体，进入到市场交换
体系中。我国农户生产目标逐渐由满足自身需求向以满足市场需
求转变。目前我国正处于传统农业向现代农业转型的关键时期，
发展现代农业是以市场供求关系为导向，不断提高农业经营市场
化程度的过程。农户经营市场化能从根本上改变农产品结构性剩
余的状况。农经界一直致力于研究在农业市场化不断深入背景
下，如何更为科学的决策，减少小农户与大市场的矛盾，提高农
户经营的市场化程度，提高市场竞争能力，增强农户市场风险防
范和化解能力。

西瓜作为我国重要的经济作物，其生产供求早在 1984 年就
开始转为市场调节，是我国市场化程度最高的农产品之一。据粗
略估计，中国西瓜种植的商品率约在 95％以上。随着西瓜生产
规模的不断扩大和消费者消费升级，西瓜供需总体呈现出供过于
求的态势，并伴随结构性、季节性短缺，西瓜市场竞争日趋激
烈，西瓜种植的比较收益降低，市场方面的问题更为棘手。新农
业时代的农民将在复杂多变的市场环境下接受考验，面临着如何
适应市场自由化、经济全球化深化所带来的机遇和挑战。因此，
从多层面、多视角提高农户经营的市场化程度，是增强农户微观
经营效率、增加农民收入、提高农业竞争力的需要，是关系到我
国宏观经济发展的重要研究课题。本研究以市场化程度较高的西
瓜产业为具体对象，来探讨这一问题。

1.1.2　研究的问题

农户行为研究一直是农经界关注的重点，目前已积累了大量

而有益的文献，但这些关于农户行为的研究主要有以下不足，主要关注以粮食生产为主的农户行为，而对市场化程度高的经济作物关注不够；主要关注农户的生产行为或消费行为，对农户市场行为关注不多，或是对农户市场行为有关注，但忽略了市场行为与生产行为是紧密相连的。同时，已有农户行为的实证研究由于采用的数据及处理方法、模型设定等的不同，研究结论存在较大的分歧。在农业市场化进程不断深入的背景下，农户面临诸多的市场挑战，如何提高农户对市场的适应能力，减少小农户与大市场的矛盾，增强农户抵御市场风险能力，提高竞争力等一系列问题需要得到科学回答。西瓜是我国市场化程度最高的农产品之一，在20世纪80年代初其市场已经放开，供需由市场调节，是研究农户市场行为较好的依托对象。西瓜作为一种高价值农产品，其生产具有劳动密集型和技术密集型特征，在目前西瓜市场总体上供过于求，结构性、季节性短缺的背景下，尤其要注意市场方面的变化。基于此，本书将对农户的生产和市场行为加以系统研究，以寻求系统解决农户西瓜生产经营及产业发展问题的对策。本书主要集中以下四个方面的研究：

第一，西瓜作为我国市场化程度最高的农产品之一，其生产者基于什么样的考虑做出进入或退出的生产决策，其农户决策行为是否摆脱了"生存伦理第一"，表现出市场理性？进一步讲，农户在市场化背景下，其农产品生产决策行为的表现及其关键影响因素是什么？

第二，农村市场化改革的关键在于实现生产要素的优化配置（王钰，2003）。农户的生产行为主要体现在投入产出的技术关系和技术选择两方面。农户生产效率作为反映农户生产行为的重要指标，农户西瓜生产的生产效率如何？不同规模、不同地区、不同种植模式农户的生产效率是否存在显著差异？

第三，市场化背景下，农产品市场价值的实现必须通过销售，农户在销售环节又表现出什么样的行为特征？进一步讲，农户市场信息获取有哪些途径，以及市场信息获取途径的不同及其他因素对销售方式选择的影响程度和方向如何？

第四，农业风险是现代农业生产经营中不可忽视的一个问题。以专业化、市场化生产为趋向的西瓜种植者会表现出怎样的风险认知行为？他们面临哪些主要的风险约束，他们又采取哪些措施规避风险？如何提高农户风险防范能力？

1.1.3　研究意义

随着我国农业市场化改革的不断深入，出现了农业产业化龙头企业、专业大户等现代化农业经营模式，但传统家庭农户仍然是我国农业生产的基本单位和主体。我国农业结构调整、农村经济发展状况均可以从农户行为中寻求启示。农户生产经营行为成为影响农业现代化发展的关键因素。因此，研究以市场为导向的农户生产经营行为特征及其影响因素等问题具有重要的理论与现实意义。

1.1.3.1　理论意义

已有研究尽管对农户生产行为进行了大量的研究，但研究对象主要集中于以粮食生产为主的农户，西瓜作为高价值鲜活园艺农产品在促进农民增收、推动产业结构调整、改善居民膳食结构与营养等方面的作用在近年日益凸显，但对西瓜种植户的生产经营行为缺乏研究。农户西瓜生产行为与粮食生产行为存在显著差异：第一，生产目的差异性。绝大部分农民种植西瓜首要目的是为了销售获取利润，据调研数据的粗略估计，西瓜种植的商品率在95%以上，西瓜生产的商品率远高于粮食作物。第二，高价值农产品与传统粮食作物相比具有高投入、技术复杂、市场风险较大等特性，农户在参与高价值农产品生产和销售时面临的资金、技术、政策支持、销售环境等方面的约束与粮食作物差异很大。这些差异使得以粮食生产农户为研究对象的农户行为的研究结论难以直接应用于西瓜种植农户的行为分析。第三，近年也出现了以茶叶、苹果、梨种植户为对象的农户行为研究，但西瓜生产与茶叶、苹果、梨等农户的生产行为也存在较大差异。茶叶、苹果、梨为多年生高价值农产品，其栽种与第一次收获要相隔若干年，市场波动问题更加棘手。而西瓜生产周期短，且现代设施栽培技术的发展使得其生产调整速度远高于苹果等多年生作物，其生产决策者所面临的风险、销售环境等方面存在较大差异。以西瓜种植农户为对象的农户行为研究，对完善农户行为是一个有益的补充，有助于完善农户行为理论。高价值农产品农户生产经营行为的专业化、市场化趋向明显，其农户行为特征很大程度上代表了现代农业发展水平，揭示高价值农产品农户面临的内部生产要素、外部市场环境等因素，有助于完善农户改造理论，推进传统农业向现代农业转变。

1.1.3.2　实践意义

农户作为农业生产的决策者和生产者，其行为直接关系到农业生产的效率，关系到现代农业发展进程，影响农业政策的制定及农业政策效率。市场经济条件下农户行为的研究是研究农业发展问题的基本内容，对优化农户经济行为，提高农业生产效率具有重要意义。

首先，具体以西瓜种植户为对象的农户生产经营行为研究，对西瓜产业的可持续健康发展具有重要意义。西瓜产业在近年来发展迅速，但所面临的资源环境约束加剧，问题严峻。目前官方农业统计机构公布的统计数据仅限于播种面积、产量和单产宏观数据。本研究依托于国家西瓜产业技术体系，对农户西瓜的产销情况进行详细的调研，获取了较大量的一手数据。以主产区农户微观数据为基础的农户行为分析有助于为解决中国西瓜产业发展问题提供决策依据。具体来看，通过分析西瓜种植户种植意愿、风险认知及规避、生产技术效率及其影响因素，为降低生产风险和生产成本，提高西瓜农户生产效率提供启示；通过农户销售行为及其影响因素的分析，对解决瓜农销售中存在的问题，提高农户组织化程度，增强瓜农的市场主体地位，降低交易成本增加农户销售收入等提供一些有益启示。

其次，对其他高价值农产品产业的发展也有一定的借鉴意义。无论是经营西瓜的农户还是经营其他农产品的农户，都面临着资源环境约束、小农户与大市场衔接不顺畅、农业经营组织化程度低、如何提高生产效率和竞争力、如何使生产适应农产品消费升级和市场变化趋势等共性问题。对西瓜产业的研究能在一定程度上对其他农产品或整体农业发展提供一些解决这些问题的启示。

1.2 研究目标与研究的基本思路

1.2.1 研究目标

本书的总体目标是通过定量和定性分析中国农户西瓜生产经营行为及其影响因素，为提高农户生产效率与农户市场化经营水平，解决农产品销售流通不畅，提高农户市场竞争力，增加农民收入，产业布局调整等问题提供决策依据。为实现上述研究目标，本研究将分别开展如下 4 个方面的具体研究内容：

第一，实证分析高价值农产品农户的种植意愿及其影响因素。本部分的具体研究内容包括：分析中国西瓜产业总体概况及主产区农户生产基本情况，为本研究提供一个基本的行业背景；描述统计性分析农户西瓜种植驱动因素及调整原因；运用计量方法定量分析农户西瓜种植意愿及主要影响因素。

第二，实证分析高价值农产品农户生产技术效率及其影响因素。本研究所用的数据来自国家西甜瓜产业技术体系产业经济研究室的农户调查数据。具体研究内容包括：用异质性随机前沿模型测算农户西瓜生产技术效率；分析农户西瓜生产技术效率的关键影响因素。

第三，实证分析高价值农产品农户风险认知及规避行为。内容包括：从不同经营规模、不同地区、不同种植模式角度分析农户西瓜生产经营的主要风险来源；分析农户市场信息获取行为与市场风险的关系；分析农户风险规避行为，总结农户风险应对策略。

第四，实证分析高价值农产品农户销售行为及其影响因素。内容包括：分析农户销售信息获取途径；分析农户销售方式选择行为；从制度经济学视角分析交易成本对农户销售行为的影响。

1.2.2　研究的基本思路

本书按照如下思路来开展整体研究：

首先，在问题提出、概念界定和文献综述的基础上，确定本书研究范畴，确立具体以农户生产经营过程产前、产中、产后的关键环节作为研究的具体内容：产前的种植决策行为、产中的农户生产技术效率、产后的销售行为，以及贯穿产前、产后、产中的风险规避行为。根据具体研究目标对相关内容的理论基础进行分析，建立本研究的分析框架，并提出本研究的研究假说。

其次，利用实地农户微观调查数据和二手资料，对各部分研究内容进行详细分析论证。

最后，总结本书的主要研究结论，并提出一些具有针对性的政策建议。具体的研究路线如图 1-1 所示。

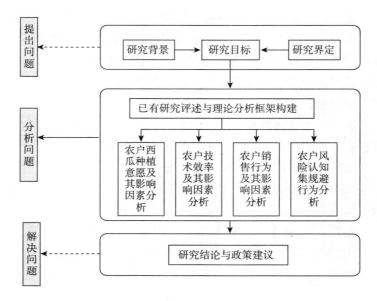

图 1-1　研究路线

1.3　本书组织结构

根据本书的研究目标和研究内容，本书从以下八个部分展开：

第一章，导论。通过研究背景引出要研究的问题，指出本书研究的意义，界定本书的研究范围，并对数据来源、基本研究假设与方法进行介绍，最后简述本书的结构。

第二章，文献综述。回顾本研究相关的重要文献，评述已有研究的不足，指出本书立论的理由。

第三章，理论基础与研究框架。介绍本研究的理论基础和建立初步的分析框架，为后文的实证分析奠定理论分析基础和框架指引。

第四章，农户西瓜种植意愿及其影响因素分析。基于三个地区的一手农户调查数据，分析农户西瓜种植进入及调整的原因，并利用计量经济模型定量分析农户家庭禀赋特征、市场因素等因素对农户西瓜种植决策行为的影响。

第五章，农户生产技术效率及其影响因素分析。基于农户调查数据，采用异质性随机前沿模型测量不同规模农户西瓜生产效率及影响因素。

第六章，农户销售行为及其影响因素分析。首先对农户信息获取行为、农户销售途径选择行为进行统计描述与特征归纳，然后从交易成本的视角，建立计量经济学模式实证分析农户西瓜销售行为及其影响因素。

第七章，农户风险认知及规避行为。在农户风险行为基本理论介绍的基础上，利用调查的微观数据，从不同规模、不同地区、不同种植模式视角对农户生产经营风险来源、风险认知及风险规避行为进行分析。

第八章，结论与政策建议。总结研究结论，提出相应的政策建议。

1.4 研究假设与方法

1.4.1 研究假设

目前，中国国民经济的市场化程度正以每年 1～1.5 个百分点的速度向前推进（顾海兵，1997；常修泽等，1998）。中国农业市场化程度已经处于 50%～60%，基本进入了转型后期，产业组织形式呈多样化发展，各类市场主体大量出现，农产品市场日益繁荣（刁怀宏，2001；戴晓春，2004）。农户的自主性、创造性得以充分释放，我国农户农业生产总体上已经脱离了"一个人长久地站在齐脖深的河水中"困境（斯科特，2003），生存问题已基本解决，大多数农户不再将"生存保障"作为生产决策的最重要原则，农户行为总体上呈现出由生存理性向经济理性转变①，尤其是生产经济作物的农户更是体现了"受利润支配的欲望"下获取较高平均利润的经济理性行为决策目标，因此本书假设农户是理性经济人也比较接近现实。

西瓜作为我国重要的经济作物，早在1984年就开始了由计划经济转为市场调节，是市场化程度最高的农产品之一。农户西瓜生产过程产前、产中、产后各环节都逐步与市场对接，其劳动力、土地、资金等生产要素按市场规则进行配置。农户西瓜生产经营行为更多地表现为经济行为和社会行为。目前我国农业劳动力市场比较活跃，雇工现象也较普遍。劳动市场的存在与否，对于农户模型的成立和结论的性质起着决定性作用。巴鲁姆和斯奎尔证明了，无论我们对农户面临的各种消费和生产可能性做出怎样完善的限定，只要引入劳动市场，农户的生产决策就能独立于消费决策。

综上，本研究有以下基本假设：①农户是理性经济人。农业生产的基本理论需要进行简化，农民是家庭农业生产者，农户在经济分析中是独立的决策单位。农业家庭可能有多重目标、面临多重约束条件，农户在农业家庭目标和资源约束框架内进行生产决策。假设在一户内，资源被集中使用，收入被共同使用，但只有一个决策者，不考虑农户成员之间的不同意见。农业收入不必要是家庭唯一的收入来源。农户可以在各种目标的权衡下依然根据利润最大化原则，对农业生产中的资源进行最优配置。②假定农户生产决策行为与消费决策行为可分。本研究不涉及农户的消费行为，研究重点主要关注农户在西瓜生产经营过程中的生产决

---

① 由于中国地区发展的非均衡性，不同地区的农户经济行为差异较大，也有经济相对落后地区的农户其经济行为更多地呈现维持生计特征。

策行为、农户生产技术效率、农户风险认知及规避行为、农业销售方式选择等方面。

1.4.2 研究方法

本书采用规范分析和实证分析相结合的方法。具体以高价值农产品农户为对象展开实证分析，实证研究均是先建立理论分析框架或理论模型，再实证检验，最后归纳结论。具体研究方法如下：

实地调查法。西瓜生产经营的官方统计资料非常有限，实地调查资料是本书的主要数据来源，获得第一手资料是本研究顺利开展的关键。作者亲自带队到农村对瓜农进行调查问卷和深度访谈获得一手数据资料。

规范分析法。在借鉴已有研究成果的基础上，对农户生产经营行为相关的基本概念和特征进行界定，运用规范分析方法，建立包含农户决策行为、生产技术效率、销售行为、风险行为的农户生产经营分析框架，为实证研究提供理论依据，根据实证研究结果提炼研究结论和政策建议。

计量经济统计法。在实证部分运用的主要方法有异质性随机前沿生产函数模型（SFA）、Logit 选择模型、最小二乘法（OLS）等计量经济学方法，以及列联表分析（Crosstabs）、卡方检验（χ^2）描述性统计方法及数理统计方法。运用以上方法分析农户主要生产经营行为特征及影响因素。

1.5 研究界定

1.5.1 研究对象

本研究范围集中于农户行为中的生产和销售行为，不考虑消费行为。具体以西瓜种植户为研究对象，进行农户生产经营行为分析。之所以选择西瓜种植户为研究的具体依托对象，一是国家政策对西甜瓜产业的重视，西瓜是国家现代农业产业技术体系项目①支持的农产品之一，有这个项目的支持，开展农户调研较为方便；二是西瓜是我国市场化程度最高的农产品之一，在 20 世纪 80 年代初其市场已经放开，供需由市场调节，因此是研究农户市场行为较好的依托对象。西瓜作为一种高价值农产品，具有劳动密集型和技术密集型特征，在目前整个西瓜市场总体上供过于求，结构性、季节性短缺的背景下，尤其要注意市场方面的变化，只有通过市场，农户生产的西瓜才能实现市场价值。高价值农产品生产以市场为导向，农户生产行为是农户参与市场竞争能力的行为特征之一，是农户生产经营行为选择在生产环节行为特征的体现。本书研究对象主要涉及三大方面：一是农户的生产行为，主要关注农户种植意愿和生产技术效率；二是农户的销售行为，主要关注农户的销售信息获取、销售方式选择；三是农户的风险认知及规避行为。

1.5.2　数据来源

为了分析农户西瓜生产经营行为，本研究采用的数据来源包括 2 个部分：基于国家西甜瓜产业技术体系项目的农户西瓜生产经营调查数据以及相关统计年鉴数据。

1.5.2.1　农户调查数据

本研究使用的调查数据来自作者于 2015 年和 2016 年 9—10 月组织带队在西瓜主产区的实地农户调查。在综合考虑地域分布和西瓜主产区代表性，以及调研成本、时间和人力等约束的基础

---

①　2007 年 12 月，在不影响农业体系现有部门现有体制的条件下，农业部与财政部等九部委联合启动了现代农业产业技术体系建设试点工作。初步选择了水稻、玉米、小麦等 10 个产业开展技术体系建设试点，并于 2008 年逐步推进试点建设，使体系内的产业种类基本涵盖了全国主要的 50 个大宗农产品。

上，选取了长江流域西瓜优势产区的湖北省和黄淮海西瓜优势产区的河南省、山东省。这三个西瓜主产省区近几年生产排名一直位于前十（2014 年西瓜总产量排名河南省第一、山东省第二、湖北省第八），其技术、品种、市场等方面具有一定代表性和优势。在选定三个代表性省份之后，通过咨询西甜瓜产业技术体系地方实验站站长了解各省西瓜生产分布后，在每个省随机抽取 4～6 个县，每个县抽取 4 个乡镇，每个乡镇抽取 3 个村作为调查点。最终在湖北地区共调查了 218 户，被调查农户的地域涉及松滋县、宜城县、蔡甸区、潜江县、石首县、钟祥县 6 个县区。河南地区共调查了 129 户，主要调查地区为通许县、尉氏县、中牟县、扶沟县、开封市；山东地区共调查了 153 户，主要集中于莘县和昌乐。样本分布及统计特征在每章具体分析时有详细描述。需要说明的是，三个地区的样本分布不是很均衡，湖北地区的调查样本最多，由于湖北西瓜生产分布比较分散，且我们调查的地点分布也分散，为了达到代表性我们选择了相对较多的调查样本。

本次调查采用调查员一对一面对面入户或田头问卷调查和典型农户访谈相结合的方式，收集了以下主要数据信息：①农户家庭基本信息，如农户家庭成员基本信息和非农就业信息、户主受教育程度、户主务农和务工经历等；②西瓜生产各环节的投入产出情况，包括西瓜经营规模、种植模式、投入产出、技术采用等；③农户西瓜销售、市场流通、市场信息获取情况；④生产和市场风险情况等。调查结束后对问卷进行整理，剔除信息不全和矛盾的问卷后，本书所使用的样本数为 500 户，样本有效率为 87.31%。

1.5.2.2 统计年鉴数据

统计年鉴数据主要包括相关年份的《中国统计年鉴》《中国农业统计年鉴》《中国农业统计资料》以及联合国粮农组织

(FAOSTAT) 数据库资料。这些年鉴数据是本研究的宏观数据来源。

1.5.3　概念界定

1.5.3.1　农户与农民

"户"是用共用同一住所或家来定义的社会单位。家庭是用人们之间的亲属关系来定义的。就此而言，户通常是家庭的一个下属单位。经济学家认为"户"是非常有用的研究单位。可以假设在一户内，户内成年人共同决策，资源被集中起来，收入被共同使用。因此，在研究"三农"问题时，把户作为研究单位，既方便又不至于离题过远（艾利斯，2006）。农户是以血缘和婚姻关系为基础而组成的农村基层社会单位，是农村微观经济主体和基层经济细胞。农户有多重含义：一是基于职业特性划分的角度，从事农业生产的人被称为农民，与从事工业、商业活动的工人和商人相对应；二是基于地理经济区位划分，居住在农村地区的被称为农民，与居住在城市的市民相对应；三是基于身份的划分，传统的中国户籍制度具有世袭性，只要户籍为农业户籍，那他就是农民（史清华，1999）。综上，农户是一个既从事农业生产的经济组织，同时也是一个以姻缘和血缘关系为基础的社会组织，是社会功能与经济功能合二为一的单位，具有生产、消费、教育、文化等多种社会经济职能。

虽然农民和农户有多重含义，含义既有交叉又有区别，但本书主要从经济学视角研究农户生产经营决策行为。因此，对这两个词的区别并不重要，书中将依据需要和习惯使用这两个概念。一般，强调个体时用农民，强调西瓜生产单位时用农户。

农户的分类有助于理解农户行为差异性。一般从农户经营规模、农产品商品率、是否兼业等方面进行划分。关于农户经营规模这一概念的使用常存在混乱的情况，常见的混乱是把农户的土

· 18 ·

地面积大小与农户作为一个生产单位的经济规模大小混为一谈。前者是用农户可利用的某一资源即土地的实际数量来表示农户的大小；后者把农户当做一个企业，用其经济总量规模的大小表示农户大小；从农产品商品率高低来看，农户可分为商业性农户和自给性农户两类。农产品商品率是指农户出售的农产品占其产出量的比例。商业倾向农户生产以利润最大化为目标，生产的农产品大部分甚至全部用于销售；自给倾向的农户生产以满足自家消费为主要目标。由于生产目标的差异，农户的交易行为会受到不同的制约和影响；从农户是否兼业来看，可分为兼业农户和纯农户。兼业是指农户从事农业又从事非农产业的就业方式。农业部固定观察点办公室依据收入占家庭生产性收入的比例构成将农户分为 4 类：农业生产收入占家庭生产性收入 80% 以上的为纯农户；占 50%～80% 的农户被划分为一兼农户，占 20%～50% 的为二兼农户；占比低于 20% 的为纯非农户。不同兼业类型农户的生产目标有所差异，其投入和交易行为受到不同程度的影响和制约。

1.5.3.2 西瓜种植农户

西瓜区别于粮食、油料等大宗农产品，市场需求弹性大，是符合消费者消费需求增长趋势的高价值农产品。其生产经营方式以专业化、市场化为趋向，凝结了更多的科学技术和市场附加值。西瓜作为商品化和市场化程度高的农产品，其生产过程市场化、专业化倾向和特征明显。本书界定西瓜种植户属于从事西瓜产业生产经营的农户，是以市场为导向，实行自主决策、自主经营、自负盈亏，从事西瓜专业或趋向专业生产、管理、销售等活动的独立经济组织。西瓜种植户属于专业农户中的一类，其内涵比农户大，外延比农户狭小。

1.5.3.3 高价值农产品

高价值农产品（High-value products）是国际农产品贸易中

最主要的组成部分。在过去 30 年，高价值农产品在全球贸易和农产品贸易中，其贸易份额增长幅度较快。1976—1994 年美国和世界农产品贸易中高价值农产品分别从 30％和 48％增长到 60％和 75％，增长幅度分别为 30％和 27％[①]。高价值农产品（High-value products）通常是指经过加工的以及未加工具有高单位价值的农产品，具有生产投入多，产出效益高的特点。高价值农产品由于符合消费者对农产品质量和消费升级的需求与趋势，也被称为增值农产品。Kennedy 等和 Disney 对高价值农产品的定义为，在一定农业贸易协议下由于生产劳动力投入强度高而面临高竞争压力的农产品，像水果、蔬菜等园艺产品、特殊谷物等。

　　高价值农产品一般分为半加工（Semi-processed）、深度加工（High-processed）和高价值未加工（High-value unprocessed products）三大类：①半加工产品：在销售前经过一定处理，消费者需要进行再加工才能食用的农产品，比如新鲜肉类、植物油、鲜花、烘制的咖啡豆、精制糖品等。②深度加工产品：在销售前经过深度加工，消费者可以直接食用的产品，比如牛奶、奶酪、麦片、葡萄酒、肉罐头等。③ 高价值未加工产品：在销售前一般不经过处理或者只经过简单处理，通常消费者可以直接食用，比如新鲜水果蔬菜、风干的水果蔬菜、鸡蛋、坚果等。高价值农产品由于在质量与安全检测、包装、品牌标识等方面投资更多，因而其产业链价值的拓展空间较大。同时由于高价值农产品往往与半加工、加工、深加工紧密联系，这进一步增加了农产品的附加值。高价值农产品的范围和特征可归纳为：①既区别于传统农业中农户为满足自家消费而生产的大宗农产品（大米、玉

---

　　① 　参见：Anita Regmi，Mark Gehlhar，John Wainio，et al. Market Access for High-Value Foods. United States Department of Agriculture，Agricultural Economic Report Number 840，February 2005.

米、小麦等粮食作物或谷物），也有别于将一般谷物、水果、蔬菜等园艺产品作为农业副业的生产。②大多数高价值农产品具有易食用、不耐储藏，易腐烂的特征，因此在加工、包装、运输方面要求比较特殊，这使得高价值农产品在质量和安全审查方面比大宗农产品有更高的要求。其具有流通主体的专用性投资总量较大、资产专用性高等特点，因而"买难""卖难"问题在高价值鲜活农产品流通领域更为常见。③高价值农产品为市场而生产，对市场需求变化反应比较敏感，在参与贸易或市场流通时，其市场准入受国际贸易全球化的影响较大。④高价值农产品生产的市场化、专业化趋向明显，其产品市场范围广泛，并且经常与"公司＋农户"、订单农业等产销一体化的现代农业生产经营组织方式相结合，生产经营行为受产业链体系的影响较大。"高价值"与"高附加值"这两个概念即相互区别又联系紧密。高价值农产品的外延比高附加值农产品的外延要广，高附加值农产品是高价值农产品，但高价值农产品不一定是高附加值农产品。高附加值农产品，往往意味着高利润，而高价值农产品不一定是高利润。

西瓜具有以上高价值农产品的特征，例如，西瓜生产者以市场为导向，为满足市场获取市场收益为目标，西瓜生产的商品率高；西瓜主要用于鲜食，不耐储藏，易腐烂，在销售的时效性和运输包装方面较大宗农产品要求更高；西瓜的生产销售对市场变化反应灵敏，市场化、专业化生产趋向明显。可见西瓜属于高价值农产品的范畴，是我国高价值农产品的代表之一。

1.5.3.4 劳动密集型农产品

按照农产品生产中要素投入结构的相对差异，可将农产品分为劳动密集型、土地密集型、资本密集型、自然资源密集型四类。劳动密集型农产品主要是水果蔬菜等园艺类农产品、畜产品和水产品；土地密集型产品主要有粮食、棉花等大田作物。资本密集型农产品是指工厂化生产的以初级农产品为原料的加工农产品；自然资源密集型农产品主要为天然产品，如野生中草药、天然橡胶等。当然这些分类不是绝对的，会随着要素的稀缺度及技术的发展而发生变化。

现代农业生产的高价值农产品与劳动密集型农产品联系紧密。水果、瓜菜等园艺产品的劳动力投入高于土地密集型的粮食、棉花等，这些农产品的生产和生物特性，需要在生产过程中进行精细密集化耕作或管理，凝结了较高的劳动力价值，因而有较高的产品附加值。同时劳动密集型农产品一般又具备高价值农产品特征，在产业链中容易形成劳动分工与协作、内生出专业化分工组织。高价值农产品的特征之一是劳动投入的高强度，几乎所有的高价值农产品都是劳动密集型的，如果存在不是劳动密集型的高价值农产品，工商资本会进入进行工厂化或企业化生产。因此，生产劳动密集型农产品能促进我国农户扩大市场参与度，在农业生产中内生出专业化分工组织，使得农户获得更多的市场盈利机会。西瓜就是一种典型的劳动密集型农产品。

1.5.3.5　农户生产经营行为

生产经营原指企业在特定环境下，以生产的产品或服务为经营对象，为实现利润最大化而展开的综合性活动。农户的生产经营行为是指在一定的经济、社会、文化、政治资源环境约束下，农户为实现一定目标而展开的一系列经济活动与行为选择。主要包括农户的生产行为、市场行为、消费行为、风险规避行为等。由于农业既面临着生产的自然风险，也面临着市场风险，农户生产经营产品价值的实现与产前、产中、产后环节全程密切相关，要实现利润最大化需要在生产决策时考虑市场需求，在生产环节优化资源配置，降低生产的投入成本，在产后环节寻找最有利的销售市场。就本书研究范畴而言，囿于篇幅及所掌握的资料限制，研究重点主要关注农户在西瓜生产经营中的生产行为和销售行为，不涉及农户的消费行为。

1.6 创新点与不足

1.6.1 创新点

第一，本书的最大特色是利用实地农户调查数据，对中国高价值农产品农户的生产经营行为开展规范、定量的实证研究。由于采用最新的农户调查数据，使得本书能够较好地利用计量经济模型，实证估计高价值农产品农户生产决策行为、市场行为的主要影响因素，捕捉新时代环境下农户经济行为由生存理性向经济理性转变的趋势及规律。

第二，在研究对象上，西瓜是我国市场化程度最高的农产品之一，在矫正要素配置，提高供给结构对需求变化的适应性和灵活性中具有重要地位。本书以市场化、专业化趋向显著的西瓜生产经营农户作为具体研究对象，弥补了过去农户行为研究以水稻、玉米等粮食作物及苹果、柑橘等多年生园艺作物为主要对象的局限，丰富了农户行为的差异性研究。本书基于大量一手调研资料，对西瓜农户生产经营行为的研究拓展了农户行为研究的内容，对补充和深化农户行为理论具有一定意义。

第三，在研究视角上多层次、多视角。在农产品总体供给平衡，市场竞争趋向激烈化的背景下，生产环节的高效率并不等于市场价值的最大化。以市场为导向的高效率生产才可能实现生产高效与高收益的等同，因此需要生产和市场两手抓。现有研究大多侧重于农户行为中某一环节的研究。农户农产品种植效益的实现涉及了产前安排、产中投入、产后销售的整个流程，受到要素市场、产品市场、自然资源禀赋及农户自身禀赋等内外环境的共同影响。本书以西瓜农户为例，利用大量实地调研一手资料，研究涵盖了农户产前的种植决策行为、产中的要素投入产出行为、产后的销售行为，对农户生产经营行为的系统化分析对更加科学地认识农户行为特征及规律，探寻优化农户行为的措施建议等可能更加合理。同时本书也充分考虑西瓜生产的地区性差异和种植模式的差异，对农户相关经济行为除了以不同规模视角进行对比研究外，还辅之以不同地区、不同种植模式视角，这对更深层次地挖掘农户生产经营行为特征及规律有积极作用，同时也有利提出更为针对性和适应性的政策建议。

1.6.2　存在的不足

尽管本书依据 3 个主产区的农户调查数据对高价值农产品农户的生产经营行为进行了较为全面的研究，但囿于财力和精力等的约束，本书还存在诸多不足之处。

（1）样本选取的局限性。官方公布的统计数据仅包含播种面积、产量等较为宏观的数据，《全国农产品成本收益资料汇编》也没有西瓜的成本收益的相关数据。本书主体部分的研究数据全部依赖于笔者的农户调查数据。囿于问卷调查工作量所限，本书仅选取了西瓜种植规模排名前十中的 3 个省（湖北省、河南省和山东省）的西瓜主产区，虽然这三个省的西瓜种植很有代表性，但不同区域西瓜产业发展水平和农户生产水平等存在较大的差异，在普遍性上有所欠缺。若有后续研究，需进一步规范调研与样本的选取，扩大调查范围，弥补本书的不足，并深化研究内容。

（2）囿于研究数据所限，本书对高价值农产品的研究建立在农户生产决策与消费决策可分的基础上。且因为农户追踪调研难度大，本书只有农户的截面数据，无法对农户行为进行动态研究。仅研究了农户短期的生产经营行为，缺乏对农户高价值农产品的动态分析，这可能对研究结论的可靠性造成一定的影响。未来研究可将消费引入模型或将农户模型扩展成包含两个或两个以上的生产周期，从静态模型变为动态模型。

第二章 文献综述

2.1 关于农户行为的研究

2.1.1 农户行为理论与发展

经典农户行为理论有三个代表性流派：第一个是以恰亚诺夫（1923）为代表的组织生产流派。他提出了"劳动消费均衡"理论，认为农户生产是在满足自家消费需求和劳动辛苦程度之间的平衡，农户决策行为异于资本主义企业追求利润最大化行为；第二个是以舒尔茨（1964）为代表的理性行为流派，认为农户是"理性小农"，传统小农已经把他所能利用的资源进了最优配置，农户决策行为与资本主义企业决策行为没有本质区别。第三个是以黄宗智（1986）为代表的历史流派，历史流派是一种较为折中的理论，称之为"商品小农"，认为即使边际报酬很低，农户仍有可能继续投入劳动。

除了以上经典农户理论外，不少学者结合其他学科，拓展或创新了经典农户行为理论，Gasson（1973）将农民行为决策中的非经济因素、目标、价值进行分类，扩展了农户理性行为决策理论，推动了农民非经济目标行为决策理论的发展。Fishbein 和 Ajzen（1975）发展了 Gasson 的理论，构建成理性行动理论（TRA）。第一次证明了态度和行为的联系性，推动了行为理论在农业领域的发展。Icek Ajzen（1988，1991）将"行为控制认知"

融入理性行为理论，发展成为计划行为理论（TFB），认为行为意图是最接近行为的中介变量，可用来预测人的行为，行为意图受到行为态度、行为认知和行为主观规范三个内生变量的影响。不少学者应用计划行为理论研究农户行为取得了丰硕的成果。如W. Joyce 等（1999）研究了爱丁堡农户的态度、目标、行为对农地投入行为的影响，构建了农户农地投入决策的多变模型，发现学习能力强的农户对新方案实施更有效率。R. H. M Bergevoet 等（2004）运用消费者计划行为理论实证分析了不同目标、环境、态度下农户扩大奶牛农场、配给制度的限制性因素。TFB 方法能够有效地对涉及农户决策行为进行心理分析以及对调查问卷进行实证分析。

2.1.2 农户模型的应用与发展

农户模型是用来描述农户内部各种关系的模型，是一种与一般均衡经济理论原理相一致的经济模型，它能将农户行为的相关变量数量化（陈和午，2004）。

恰亚诺夫（1924）最早建立了农户行为模型，实证分析苏联小农的生产行为。随后的关于农户模型的研究大多是在恰亚诺夫农户效用模型基础上逐步放松约束和假设，农户模型的适用范围逐渐被扩大，相关代表性的思想和基本假设见表 2-1。Backer（1965）提出了新农户经济行为模型，认为农户的消费决策和生产决策可分，农户可先决定生产，然后在收入最大化目标下进行最优消费决策；Barnum 和 Squire（1972；1979）修改了恰亚诺夫诺理论中劳动力市场不存在的假定，将新古典经济学理论与农户模型相结合，在模型中引入农户生产的消费品，构建了一个包含生产者和消费者的完整农户模型。随着经济社会的发展，研究者将更多的因素（如政府宏观政策、劳动力性别、市场外部性等）与农户模型进行关联分析。如 Strauss（1982）利用利润函数，将农户模型由静态变为动态进行实证分析，联合估计了包括 6 种产品的供给方程和劳动力的需求方程，发现农户行为与政府宏观政策之间的关联；Singh、Squir 和 Strauss（1986）将研究单位扩展为以家庭为单位的"户"。认为由于劳动力的不完全替代性导致了农户模型的不可分；Kaushik Basu（2006）将劳动力性别差异引入模型，建立了一个男女权力分配不对称的集体模型，该模型认为，农户决策行为取决于自身获得收入的多寡和权力的不对称程度。

表 2-1 早期农民理论的比较性总结

代表作者	提出年代	理论	目标	市场假设与基本假设
Chayanov	1924	劳苦规避	比较收入与闲暇之后的家庭效用最大化	竞争性产品市场。①无劳动市场；②农产品既可家庭消费也可在市场出售；③农户可根据需要获得土地；④每个农户家庭有最低消费
Schultz	1964	利润最大化（农户贫穷但有效率）	利润最大化（受到传统生产条件的限制）	竞争市场。①技术长期内保持不变；②没有增加传统生产要素的动机；③传统生产要素需求与供给增长处于均衡状态
Lipton	1968	风险规避	考虑风险后的效用最大化	自然灾害；社会风险；价格不确定
Barnum & Squire	1979	部分参与市场的家庭农业	（一般的）效用最大化	竞争市场。①存在劳动市场；②农户耕地数量在研究期内一定；③户内活动与"闲暇"并存；④农户需要出售部分产品以购买非农产品；⑤不考虑不确定性和风险性
Allan Low	1986	生存型		①存在劳动市场；②农户可根据其家庭规模而相应取得土地；③半生存经济。农民在自家门口出售粮食的价格低于市场零售价格；④大量粮食自给不足的农户与农业劳动力外出务工

对不同农户经济模型的假设及结论的检验，通常是采用农户家庭或户主个人行为数据对理论模型进行实证检验。Yotopoulos等（1978；1981）以及 Barnum 和 Squire（1979）率先对农户模型进行了估计性的经验研究。另外，Alainde Janvry 等（1991）、Emmanuel Skoufias（1994）和 Elisabeth sadoulet 等（1996）均利用农户模型对农户经济行为进行了经验性研究。一些研究假定农户模型可分，将生产决策和消费决策分开考虑，采用计量经济学方法分别对农户消费需求和生产供给进行估计。Barnum 和 Squire（1979）利用来自马来西亚 Muda 河流域 207 户农户数据进行实证分析，结果发现政策变化对农户家庭劳动力规模、劳动工资率和农业产出价格等都有显著影响。然而在很多情况下，农户的生产决策和消费决策不可分，如 DeJanvry、Fafchamps 和 Sadoulet（1991）、Hans Lfgren 和 Sherman Robinson（1999，2003）指出如果有效市场不存在，生产与消费决策不可分，农户不能够参与到市场中。目前对农户模型的可分性还存在争议，没有达成共识，这主要与农户所处的外部环境，要素市场和产品市场是否完全，农户家庭成员偏好异质性等因素有关。在理论和实践经验的检验上，近年来对农户经济模型的研究，都呈现出多样化、微观化、动态化的研究趋势。运用生产函数（C-D）和农户家庭效用函数，研究农业政策的变化对微观农户影响（Taylor，Adelman，2003）。

农户行为在国内学术界也长期受到关注。如张林秀（1996）对农户模型的基本理论、经济含义、应用价值进行了较为详细阐述。胡继连（1992）和马鸿运（1993）对农户投资、劳动组织、分配、消费、市场行为、借贷行为等进行实证研究，对这些行为的概况、特征、存在问题进行了分析，并提出了相应的解决对策。Albert Park 和任常青（1995）利用陕西省县级 1984—1991年数据，第一次将消费因素引入生产决策模型，采用多重不相关回归方法估计了风险条件下农户玉米和小麦的生产决策模型。张广胜（1999）利用农户模型建立了农户行为的逻辑框架。李强、张林秀（2007）建立了局部均衡模型，系统分析各种政策和外界冲击对农户生产、消费、市场供给等行为的影响。史清华（2001；2003；2005）运用农村固定观察点的数据，从农户储蓄、借贷、消费、粮作经营行为、农户经济结构变迁、农户家庭组织等多个方面实证分析了农户经济增长与农户经济行为的关系。以上这些研究是农户行为模型及理论结合我国实际情况进行的应用和检验。

2.1.3 相关主题

2.1.3.1 关于农户种植意愿的研究

众多国内外学者围绕农户对某一具体农产品或某一类农产品生产的态度和行为进行了研究。农户在选择作物时会对根据作物产量和价格对收益做预期估计，农户的种植决策行为具有明显的趋利性（王勇，2007）。Carter 等（1991）根据蛛网模型，利用上一年的棉粮相对价格比作为粮棉播种面积的决定因素，结果表明，农户会对粮棉的比较收益做出反应以获得更高的比较收益。定军（2008）从种粮成本、生产资料价格、种粮比较效益方面考察农民种粮意愿；马彦丽等（2005）、刘克春（2010）等从粮食直补的角度考察农户种粮意愿；陈艳红等（2014）利用黑龙江省水稻种植户的调查数据，采用二元 Logistic 模型对农户优质稻米种植意愿进行分析。也有学者对农户大豆种植意愿进行研究（栾立明等，2011；马翠萍等，2011），结果表明，户主自身特征、家庭特征、要素投入成本、大豆商品率等因素对农户大豆种植意愿均有影响。另外对油料作物、水果、蔬菜等经济作物农户种植意愿也有涉及，如宋金田、祁春节（2012），刘芳、李欣等（2010）、宋雨河、武拉平（2014）、文长存、张琳等（2016）。也有不少学者围绕农户对转基因作物的意愿和行为进行了研究，如 Sall、Norman（2000），Chianu、Tsujii（2004），刘旭霞、刘鑫（2013），陆倩、孙剑（2014），王玉斌、华静（2016）。结果表明，农民对转基因主粮种植的潜在意愿较低；转基因作物信息来源、风险偏好、农业政策等因素对农户转基因作物认知水平和种植意愿有影响。部分学者从空间依赖性的角度研究农户种植意愿。如 Lapple 和 Kelley（2013）研究发现相邻农户之间的信息交流在一定程度上影响农户对种植作物的认知水平和种植意愿。

以上研究运用的方法包括地理信息系统、多元有序 Logit 模型、二元 Logistic 模型、Tobit 模型、多元回归模型等，主要从农户特征、资源禀赋、外部环境、经济效益等方面分析农户对某种作物种植决策行为及其影响因素，并提出了相应的政策建议。不过，总体而言，多数文献只针对农户对农作物从不种到种植的意愿分析，而针对某种作物的结构调整（扩大种植的调整）行为分析却很少，且缺少对种植意愿动因及制约农户某种作物结构调整原因的系统分析。

2.1.3.2 关于农户生产技术效率的研究

提高农业技术效率是增加农业产出的主要源泉，农户生产经营效率直接关系到农户经营收益和农产品市场竞争力。相关研究已证实农户收益（产量）的差异（变化）主要源于农业生产管理实践的差异，如 Fan（1991），Thirtle、Hadley 和 Townsend（1995），Kalirajan、Obwona 和 Zhao（1996）等。Farrell（1957）率先提出了生产效率衡量的方法，并利用数学规划方法求出了效率前沿线（被认为是 DEA 的原型）。随后大量学者对农业生产效率进行了研究。如 Kawagoe 等（1985）对跨地区农业生产效率分析发现，一个地区的农业生产效率的高低与地区发展水平密切相关，与劳动生产率高低关系不大；Gopinath 和 Kennedy（2000）认为提高农业生产效率是增加农业竞争力的重要途径；Vollrath（2007）基于跨国数据，研究了耕地分配不公时的农业生产效率差异。

国内学者对我国农业生产效率问题做了大量研究。研究方法主要为基于非参数的数据包络分析法（DEA）和基于参数的随机前沿生产函数法（SFA）两种。如李周（2005）采用 DEA 分析方法测算了西部 900 个县区农业生产效率；宋增基等（2008）运用 DEA 优势效率模型和劣势效率模型对 2005 年我国 31 个省份的农业生产效率进行了测算；亢霞、刘秀梅（2005）运用随机前沿方法对我国的粮食技术效率进行了分析。国内已有研究多集中在农业整体生产效率和小麦、水稻等粮食作物的研究上，而对从事劳动密集型生产经营农户的生产技术效率及影响因素研究较少。

Farrell（1957）指出效率包括技术效率和配置效率两个部分。其中技术有效指给定投入，企业能够获得最大产出的能力（产出技术有效），或者是给定产出，企业使用最少投入的能力（投入技术有效）；配置效率指生产主体在一定要素投入价格条件下实现投入（产出）最优组合的能力。在一般情况下，农户往往是首先利用现有的资源而不是对其重新组合进而从降低成本中获益，因此更多情况对效率的测量是针对技术效率。本书也正是基于此，只重点关注农户的技术效率。

2.1.3.3 关于农户销售行为的研究

农产品销售行为是农户市场行为中最突出的行为特征。销售行为直接与利润相关，也会对下一期种植和生产投入产生重要影响。农户在农业市场化经营中，可根据自己需要、特征及所处的约束环境选择不同的组织模式（郭锦墉、尹琴等，2007）。吕涛和郑宏涛（1999）认为农产品价格、经营规模对农户销售水平和销售结构的变动产生直接或间接的影响。在农产品价格方面，周海涛（2007）认为蔬菜价格及销售渠道的稳定性是农户销售蔬菜考虑的主要因素。在农户经营规模方面，郭锦墉等（2007）认为较小规模农户倾向于与贩运户合作，而大规模农户更倾向于与合同类销售中介进行交易。此外，农产品类型和户主风险态度也是影响农户选择不同销售渠道的核心因素（马勇，2008）。

农户在很大程度上是农产品价格的接受者，在一定的生产技术和价格水平下，销售收入和生产成本不变，决定农户收益大小的因素是交易费用，因此很多学者从交易费用的视角研究农户销售行为。交易成本是导致现代农产品市场交易分工日益细化的根本原因（屈小博，2008）。农户高价值农产品生产以获取高价值农产品交易收益为目的。高价值农产品农户进入市场时必然受到参与市场的交易成本的影响，其交易成本的大小决定了农户是否参与市场以及参与市场的具体模式（sadoulet et al，1994）。

在农户农产品销售方式选择方面，国外学者做了不少研究。Hobbs（1997）从交易成本视角，采用 Tobit 模型对果农的销售行为及其影响因素进行的实证分析具有里程碑式的意义。Poole等（1998）对西班牙水果种植农户的研究结论认为，付款和价格的不确定性是影响农户销售方式选择的主要因素。Berdegue 等（2006）以墨西哥石榴种植农户为对象，发现农户所处的地理位置和所拥有的固定资产数量是影响其生产的石榴能否进入超市等渠道的主要因素。

国内对农产品销售行为研究的对象主要集中于柑橘、苹果、梨、茶叶等多年生的长生长周期的高价值农产品（屈小博等2007；黄祖辉等，2008；姚文等，2011；宋金田等，2011），缺乏对生产周期短、见效快的高价值园艺农产品农户销售行为的研究。对种植茶叶、苹果、梨、柑橘等多年生高价值农产品的农户来说，因栽种与第一次收获相隔若干年，市场波动问题更加棘手。而像西瓜这类生产周期短、见效快的品种，加上现代设施栽培技术的发展使得其生产调整速度远高于苹果等多年生作物，其生产者的市场销售行为必定与多年生作物种植者的行为有较大差异，其交易成本对瓜农销售方式选择的影响亦不同。

2.1.3.4 关于农户风险认知与规避行为的研究

农业生产经营是一个风险过程，农民生产广泛存在着各种各样的不确定性。不确定性对于分析农民经济行为，展望未来有重要意义（艾利斯，1993）。农户作为农业生产主体，不仅面临着气候、病虫害和其他自然灾害等传统产量波动风险。而且随着农业经营环境的市场化，农户要承担起劳动力和商品市场波动的风险，发展中国家由于农业市场信息传递不通畅，农户受市场波动和贸易变化的风险将更加突出（Ellis，1987）。我国农户农业生产已经完全实现了自主经营，随着市场化的加深，农业市场风险影响日趋上升，尤其是对像西瓜这类季节性强、需求弹性较大的农产品，市场风险对农户生产经营行为的影响越来越大。

农户农业微观生产风险决策的主流理论是基于农户理性行为假设基础上的预期效用理论。而相关实证研究主要围绕农业风险来源及农户风险认知、生产者风险偏好及其影响因素、风险条件下的生产决策这几方面。对农户风险认知和管理的分析，对了解农户行为非常重要。就已有文献来看，产量和价格变动是世界各国农业生产经营中最主要、最普遍的风险或来源。除此之外，还有信用、法律法规、管制和政策、货币、财务、投入成本等方面的风险因素。但由于生产经营者面临的社会经济环境、农户个体特征、农场特征等存在较大差异，因此农户所面临的风险及其认知有所差异。例如，Ola Flaten 等（2004）认为风险来源及农民的风险认知与农场特征、生产方式高度相关。不同的农场规模、产品种类等不同，面临的农业风险及其认知存在差异；Patrick 等（1994）研究认为，产出价格变动和天气是作物和养殖农民净收入波动最主要的来源；MAFF（2001）发现从事园艺种植的小规模农场的收入变动，比其他规模的同类农场要小。Ortmann等（1992）对在美国玉米带从事大规模商品粮生产的农民研究发现，作物价格是第一位的风险来源，产量是第二位的风险来源。

另外，由于不同国家或地区的农户存在着地理、社会、经济、文化等方面的差异，所面临的农业风险或来源也不尽相同。如 Harwood 等（1999）指出，美国农民最关心的是生产成本、产品价格以及政府相关法律法规的变动，而产量风险、价格、货币是导致英国农民收入波动的主要因素（MAFF，2001）。此外，制度结构、地理及其他经营环境等因素也对农户风险及风险管理手段产生影响（Patrick 和 Musser，1997；Meuwissen等，2001）。

2.2　关于西瓜生产经营方面的研究

2.2.1　国外关于西瓜生产经营方面的研究

国外对西瓜生产经营的研究较早，主要从生产、消费、贸易等方面进行研究。Rauchenstein（1928）、Close（1962）对影响地区西瓜产业的经济因素进行了分析；Porter（1964）分析了美国印第安纳州和佛罗里达州西瓜产业组织功能产业的竞争潜力。Wall 和 Tilley（1979）采用结构方程模型，对美国1952—1976年佛罗里达州西瓜生产与价格的关系进行实证分析。结果表明，佛罗里达州的西瓜生产决策受近两期滞后价格的影响最大。美国西瓜甜瓜研究决策委员会（2003）在研究报告中从不同地区、不同种类以及所占地位对加利福尼亚州的西甜瓜的种植情况做了详细研究；Christie（2007）认为无籽西瓜附加值高，发展前景好，阿尔巴尼亚为了迎合高端西瓜消费市场，满足欧盟严格的进口和认证标准，应专注生产高品质的小型品种无籽西瓜。

2.2.2 国内关于西瓜生产经营方面的研究

西瓜产业由于比较收益较高，能满足居民日益多样的消费膳食需求，受到农民的青睐和政府及科研机构的重视。近年来我国对西瓜产业经济及农户西瓜生产行为的研究也日渐丰富。

王鸣（2000）认为西甜瓜产业在我国居民生活和农村产业中占有重要地位。刘君璞、许勇（2006）对我国"十五"期间的西瓜产业的发展概况进行了总结，并从生产与市场、科研等方面对西瓜产业趋势进行展望。马跃（2011）在对近 20 年西甜瓜产业回顾的基础上，认为中国西甜瓜产业在技术进步、文化繁荣、经济发展等方面取得了很好的成绩。马跃（2009）采用数据统计分析和典型产销样本相结合的方法分析了西甜瓜产业发展中面临的问题，指出年际生产规模不平衡问题对生产和市场影响很大。刘君璞、俞正旺等（2000）对我国西甜瓜种植情况从产量和面积角度进行了总结。赵姜（2013）对我国西瓜产业从生产、消费、流通、对外贸易等方面进行了较为系统的研究。王琛等（2013）对我国西瓜市场形势进行了分析和展望，认为中国西瓜产业产量稳定，市场价格稳中有升，消费者偏好向优质品种、反季节品种转移。赵姜等（2013）认为目前我国西瓜消费尚未形成"棘轮效应"，人均收入水平和价格因素是影响居民西瓜消费重要因素。赵姜等（2013）利用 1995—2010 年的 FAO 数据，对中国西瓜进出口贸易及国际竞争力进行实证分析，结果显示，中国西瓜在国际市场上不具备竞争优势。赵姜等（2014）对世界西瓜产业生产及贸易格局分析中指出，西瓜国际贸易将更加活跃，贸易价格仍有上涨空间，世界西瓜种植面积扩展十分有限，未来需要通过提高单产来保证世界西瓜产量稳定。

另外，不少学者对我国不同省份、不同地区西瓜产业的现状、存在的问题、解决对策等，从技术角度或经济学角度进行了分析和探讨。如杨建强等（2005）通过对陕西省西瓜生产现状和特点的分析，提出西瓜生产经营要强化商品意识，以真正实现特色农业的高附加值和高效收益，促进农民增收。王宝海（2006）对制约江苏省西甜瓜产业发展的主要因素进行分析，并提出了提高西甜瓜产业组织化和产业化水平的发展对策。别之龙（2008）指出西甜瓜产业发展中存在生产模式单一、品牌意识薄弱、新品种选育滞后等问题。焦自高等（2009）对山东省西瓜生产现状进行了分析，提出发展绿色无公害西瓜生产、推广标准化技术生产等建议。韦强、洪日新等（2010）对广西无籽西瓜生产现状及问题进行了分析，并提出相应对策。

上述国内外学者对西瓜甜瓜产业发展及生产的研究，对中国西瓜产业的可持续发展无疑在研究思路、研究视角以及研究方法等方面提供了有益的参考。国内对西瓜产业及生产的研究主要以产业发展现状及存在问题为分析范式，研究大多侧重于定性和描述性分析，定量研究较少，成果大多以具体主产省的西瓜产业近期的产业发展报告为主。虽然近两年的研究深度在逐渐拓展，对消费需求以及贸易流通有了较为细致的研究，但对从农户角度对西瓜产业的研究为几乎为空白。

2.2.3 其他关于农户高价值农产品生产经营方面的研究

除西瓜生产经营方面的研究外，其他高价值农产品生产经营行为的研究主要围绕农户对某一具体农产品或某一类农产品生产经营行为进行研究。生产方面主要集中于种植意愿、种植制度选择等方面，其具体研究作物主要集中于蔬菜（或有机蔬菜）、水果、油料作物等。如江激宇、柯木飞等（2012）运用计划行为理论，建立了基于农户的蔬菜质量安全生产行为理论分析框架，并利用实地调查数据和 Probit 模型实证检验农户蔬菜质量安全生产行为选择。朱宁、马骥（2013）利用对北京市蔬菜种植户抽样调查所获得的截面数据，采用 MOTAD 模型实证分析了蔬菜种植户的生产经营状况及其在风险条件下种植制度选择行为。

在市场经营方面，Martinez（2002；2004）选取火鸡、鸡蛋以及猪肉为研究对象，指出交易成本是农产品营销系统具有不同流通模式的关键性因素。Fert 等（2002）对影响匈牙利从事果蔬生产的农户选择销售渠道的因素进行了分析，研究发现户主年龄、谈判力量、信息成本和监督成本对农户选择批发市场有显著的正向影响，而资产专用性、年龄、谈判成本、信息成本对农户选择合作社销售有显著的正向影响。刘瑞涵（2009）利用二元 Logit 模型对北京鲜果生产者进入供应链，参与合作的影响因素进行了分析。姚文等（2011）基于茶农调查数据，采用 Logist 模型，对中国农户鲜茶交易中垂直协作模式选择意愿的影响因素进行了分析，研究发现农户选择垂直协作模式的重要原因在于该模式中交易成本和交易风险较低。胡定寰等（2006）以山东省苹果产业为例，对合同生产模式对农户收入和食品安全的影响进行了研究，指出农产品交易中有 3 种并存模式，即市场交易模式、组织内部交易模式以及企业内部交易模式，研究发现合同生产模式有利于农民收入增加。乌云花、黄季焜等（2009）基于分层随机抽样方法抽取山东省苹果农户，采用经济计量模型对农户水果销售渠道的特征及其农户选择不同销售渠道的影响因素进行了实证分析。研究表明，虽然超市及专业供应商等现代采购渠道已出现且有显著的增长趋势，但目前小商贩和批发商等传统渠道仍然是农户进行直接交易的主体。现代渠道的崛起并不排斥小规模农户的进入。李崇光、肖小勇等（2015）依据山东寿光至北京蔬菜流通的调查资料，将寿光本地产蔬菜销往外地的流通模式归纳大型批发市场流通模式、地头市场流通模式和"农超对接"流通模式，比较分析了不同蔬菜流通模式下蔬菜价格的形成，认为在蔬菜价格形成机制的功能方面，"农超对接"流通模式所代表的契约交易优于大型批发市场流通模式和地头市场流通模型所代表的市场内交易。徐家鹏、李崇光（2012）通过建立 Logistic 回归模型分析了蔬菜种植户产销环节紧密纵向协作参与意愿的影响因素。张艳、祁春节（2013）以柑橘为例，利用水果种植者的实地调研数据，运用结构方程模型（SEM）对影响水果种植者流通模式选择意愿的因素进行实证分析。研究发现，交易成本、资产专用性、市场不确定性、生产特征以及水果种植者个人和家庭特征对其选择基于紧密合作关系的流通模式具有显著影响。

2.3 本章小结

本章首先回顾了经典农户行为理论，对农户行为理论的发展及模型应用的代表性文献进行了综述，并且对本书密切相关的农户行为方面的文献进行了简要的回顾，具体包括农户种植意愿、农户生产技术效率、农户销售行为、农户风险规避及认知方面的研究回顾。为后文的实证研究奠定研究基础。

经典农户行为的研究由于在研究前提条件、研究假设、研究的侧重点等方面存在差异，导致研究结论存在很大的差异，从而提出的小农改造途径也存在较大差异。但以小农为对象的研究都能较为合理地解释小农所处时代的行为与动机。已有农户模型研究集中于三方面：①市场环境的讨论上，产品市场和要素市场是否完全，农户面临的商品市场和要素市场是竞争性的还是非竞争性的；②农户生产的产品是纯卖者还是纯买者；③农户家庭生产时间和劳动力资源如何配置。总体上看，对于农户行为的研究呈现出越来越微观化的趋势，研究边界越来越宽。国外学者对农户行为理论与实证研究做了有益的贡献，但国外的经验和实证研究大多关注欠发达的拉美和非洲地区的农户行为，这些地区农户市场化程度较低，要素市场和产品市场发育水平较低，与中国国情、农情差异巨大。中国是一个农业大国，有其特殊性，解决中国农户面临的问题，需要将相关理论中国化。

农户行为也是国内农经界关注的重点，国内已有研究有以下特点：①从理论分析入手，分析农户经济行为与农村经济体制的相互影响关系；②以省级加总数据为基础，对农户经济行为进行实证研究，研究对象以传统的粮食作物为主，而以经济作物为对象的研究较少。由于加总数据在实证分析信息损失大，难以捕捉农户微观层面的经营目标及自身偏好特征。

农户行为随环境变化而变化，关于农户行为的实证和理论也需要因变化而创新和完善。中国作为世界上最大的转型经济体，不仅与世界其他国家或地区有很大的差异，其内部差异性也很大，不同产业、不同地区之间，其市场发育程度、市场组织创新能力也存在巨大的差异。例如，蔬菜、水果等高价值农产品具有保鲜期短、不耐储藏、不易运输等特点，属于完全商品化、市场化的产品，生产这类农产品农户的组织创新能力较强，通常容易率先进行制度创新。随着我国市场化改革进程的加深及居民消费需求升级，高价值农产品的需求上升，市场前景广阔。市场环境的变化，农业发展阶段的变化，势必会削弱现有理论对新现象和行为的解释力，也就是说已有的以传统的粮食作物的生产者为对象的研究并不能直接用来解释高商品化、高市场化农产品生产者行为，其结论可能不能直接应用于高商品化、高市场化农产品生产经营实践。基于此，本书以市场为导向，以生产高价值农产品的农户为研究对象，结合农户经济学、新制度经济学等理论，构建基于中国国情、农情和产业差异性的农户生产经营行为理论体系，识别高价值农产品农户生产经营决策行为中存在的问题及行为偏好，以丰富农户行为理论和为解决高价值农产品农户市场化中遇到的问题提出一些政策建议。

第三章　理论基础与研究框架

破解生产要素约束和市场需求约束是现代农业发展面临的核心问题。农户是生产要素和市场需求双重约束的直接冲击者，是破解这些约束实现内生创新的基本践行者，同时也是农业外生支持、保护和反哺等辅助手段的主要作用对象。农户行为的重要性在于农户作为生产者和决策者，其行为必然直接左右农业生产率和竞争力，影响农业政策的效率及政策制定。本章是第四章到第七章实证研究的理论铺垫和框架指导。本章首先对农户经济学的理论基础和模型进行介绍，然后初步提出了一个包括生产决策、生产技术效率、交易成本与销售行为、风险行为的农户生产经营行为分析框架，最后将不同经营规模、不同地域作为研究视角的理由进行说明。

3.1　农户行为的经济学理论基础

农户模型是反映农户各行业之间相互作用关系的具体理论框架，该模型将农户的消费、生产、劳动力供给纳入一个系统中进行分析。假设农户是效用最大化追求者，其效用受农户收入、农户生产效益以及农户休闲需求等因素的影响。下面将 Strauss、Singh 和 Squire（1986）的农户模型作为基本模型来介绍。农户行为可用下列表达式来反映[①]：

$$\mathrm{Max}U = U\ (X_a,\ X_m, X_i) \tag{3-1}$$

$$\mathrm{s.\,t.}\ \ Q = Q(A, L, V) \cdots\cdots 生产限制 \tag{3-2}$$

$$T = X_i + T_f \cdots\cdots 农户时间限制 \tag{3-3}$$

$$P_m X_m = P_a(Q - X_a) - w(L - T_f) - P_v V \cdots\cdots 现金收入限制$$

$$\tag{3-4}$$

式中，U 表示农户总效用；X_a 表示农户自产自销的产品；X_m 表示农户从市场购进的商品；X_i 表示农户对休闲时间的需求。A 表示农户经营的耕地面积；L 表示农户生产的总劳动时间投入（总劳动时间＝雇佣时间＋自有时间）；Q 表示农户总生产量；T 表示农户总劳动时间储备；T_f 表示农户用于生产的时间；V 表示农户生产中的可变物质投入；P_a、P_m、P_v 分别表示农产品价格、市场购进品价格和物质投入价格；$Q - X_a$ 表示农户农产品市场出售量；w 表示雇工工资；$L - T_f$ 表示用于从事工资收入的劳动时间（该值大于 0 表示雇出工时；小于 0 表示雇进工时）。

若将式（3-2）和式（3-3）两项限制合并为一个支出限制，即将式（3-2）代入式（3-4）中以替代 Q，将式（3-3）代入式（3-4）现金收入限制以替换 F，则可引入消费经济学模型中"总收入"的概念。

$$P_m X_m + P_a X_a + w X_i = wT + P_a Q - wL - P_v V$$

$$\tag{3-5}$$

式（3-5）左边是"总支出"项目，等式右边是"总收入"。农户实现其效用最大化目标有多重途径。农户可通过某一单项目标的最大化来决定其总体行为。我们首先来看，利润最大化条件下的劳动力投入条件：

---

① 农户模型的推导参考了：张林秀．农户经济学基本理论概述．农业技术经济，1996（3）：24-30．

$$P_a \, \partial Q / \partial L = w \qquad (3-6)$$

这一方程的解为：$L^* = L^*(w, P_a, A, V)$，将这一解代入式（3-5）得：

$$P_m X_m + P_a X_a + w X_i = Y^* \qquad (3-7)$$

这里 Y^* 是利润最大化条件下的总收入。以此为限制条件的农户效用最大化条件是（一阶导数为零）：

$$\partial U / \partial X_m = \lambda P_m \qquad (3-8)$$

$$\partial U / \partial X_a = \lambda P_a \qquad (3-9)$$

$$\partial U \, \partial X_i = \lambda w \qquad (3-10)$$

$$P_m X_m + P_a X_a + w X_i = Y^* \qquad (3-11)$$

这组联列方程的解则是标准的需求曲线：

$$X_i = X_i(P_m, P_a, P_v, w, Y^*) \quad i = m, a, v, i \qquad (3-12)$$

式（3-12）表示农户对生产资料和产品需求受产品本身价格、其他相关产品价格、收入和工资的影响。对于农户来说，其收入 Y^* 既受其自身生产活动的影响，同时又影响农户消费行为。也即是农户的消费行为受制于生产行为。农户的生产与消费之间形成一个循环影响关系。农户需求模型不仅能识别出正常商品价格上涨对其需求的负向影响，而且能识别出价格上涨造成的利润增加对需求的影响。

以上的估算求解以完全商品市场和劳动力市场为前提。如果商品市场和劳动力市场不完全，则情形又有所不同。因此假定农户生产、劳动力供给、消费等决策会相互影响，则效用最大化问题可用下面的联立方程组求解。

用拉格朗日方法来解方程组（3-1）、（3-2）和（3-5）则有：

$$G = U(X_a, X_m, X_i) + \lambda(wT + P_a Q - wL - P_v V$$
$$- P_m X_m - P_a X_a - w X_i) + \mu Q(A, L, V)$$

$$(3-13)$$

对方程求一阶导数则有：

$$\partial G / \partial X_a = U - \lambda P_a \qquad (3-14)$$

$$\partial G / \partial X_m = U_m - \lambda P_m \qquad (3-15)$$

$$\partial G / \partial X_i = U_i - \lambda_w \qquad (3-16)$$

$$\partial G / \partial \lambda = w(T - L - X_i) + P_a(Q - X_a) - P_m X_m - P_v V$$

$$(3-17)$$

$$\partial G / \partial L = \lambda(w - \mu Q_i) \qquad (3-18)$$

$$\partial G / \partial V = \lambda(P_v - \mu Qv) \qquad (3-19)$$

$$\partial G / \partial \mu = Q(A, L, V) \qquad (3-20)$$

求解上述一阶导数为零，得出农户均衡状况下生产资料需求、劳动力供给、农产品供给以及农户休闲时间的需求函数，得出农户生产、消费、劳动力投入的最佳值。

在实证分析中，为估算方便，常假定农户的消费决策受生产决策的影响，但农户生产决策不受消费决策的影响，所以实际模型估计中首先独立估计出农户生产函数，之后系统估计农户的消费函数。本书不考虑农户的消费行为，对农户生产函数的估算也采用此种假设。

3.2 西瓜生产特性的经济学分析

西瓜种植农户的生产经营行为与西瓜的生产特征、消费特征等因素密切相关。因此，研究西瓜种植农户的生产经营行为，有必要从经济学视角分析西瓜生产经营特性。根据用途来分，西瓜种类可分为鲜食西瓜、籽用西瓜和观赏西瓜。目前我国绝大多西瓜品种为鲜食西瓜，是西瓜栽培的主要类型。籽用西瓜在我国甘肃、新疆、安徽等局部地区种植，整体上来看，其生产管理相较于鲜食西瓜较为粗放。观赏西瓜只在小范围种植。本书的西瓜指的是鲜食西瓜，后文实证分析调研的农户也均是针对生产经营鲜食西瓜的农户。

3.2.1　西瓜生产的资产专用性

西瓜作为一种经济价值较高的水果类作物，与粮食作物生产相比，其生产销售有很强的特殊性，这种特殊性主要体现在资产专用性上。西瓜生产经营过程中的资源专用性主要表现在两个方面：一是西瓜果实用途的资产专用性。西瓜主要用来鲜食，用途比较单一，且不耐储藏，一旦西瓜鲜销市场供过于求，将出现滞销问题。二是生产西瓜人力资本的专用性较强。西瓜的栽培、打叉、授粉、病虫害防治、采摘等工作的技术性、技巧性较强，需要长期实践的积累或专门培训。

3.2.2　西瓜销售的频繁性

西瓜是一种不耐藏（依据采收时生长情况，贮藏温度，湿度等有所差别，一般情况常温储藏5～7天），容易腐败的水果类农产品，一旦成熟，农户必须及时采收并销售。中国居民的传统饮食消费中对西瓜的消费弹性较大，因其不耐储藏和对新鲜度要求高，一般消费者一次性购买量小。消费者购买特征和西瓜本身的特性决定了农户自行销售西瓜的一次性交易量小，需要多次交易，销售的频繁性提高了交易成本。

3.2.3　西瓜销售的不确定性

西瓜销售的不确定主要表现为价格的不确定性以及交易对象的不确定性。西瓜销售价格的不确定既表现为不同季节、不同年度销售价格存在较大差异，甚至表现为同一农户生产的同一批次西瓜在同一天上午和下午其销售价格都有差异。调查中有不少农户反映西瓜销售价格变化快，同一天同一批西瓜，有时候会卖出不同的价格。交易对象的不确定性主要由于西瓜销售的频繁性，尤其是农户自己在田头、街边、农贸市场或批发市场销售西瓜，面临的对象都是随机不固定的，销售对象的不确定和销售的频繁性增加了销售的交易成本。

3.3 农户生产经营行为分析框架

3.3.1 农户高价值农产品生产经营行为的一般特征

3.3.1.1 农户生产经营行为市场化

在传统农业时期，生产力水平较低，农户生产以满足自身消费为目的，很少有产品卖出行为。农户与市场联系弱，市场参与度很低。随着生产力的发展，农户可提供的剩余不断增加，农户农业生产目的逐渐由满足自身消费向为满足市场需求获取收益转变。传统农业逐渐向现代农业转变，农户生产由自给自足向商品化、规模化、专业化转变的过程，实质上就是农户生产经营行为的市场化过程。

现代农业的重要特征之一是农业成为高度商业化产业。商业化以市场体系为基础，突出表现为：①从参与主体来看，绝大多数农户普遍参与市场。②在物的方面，农户所生产产品的大部分乃至全部进入市场交易。关于中国农业商业化，许多调查研究结论都支持农产品交易市场化是农业商业化程度与农业生产过程市场化的深刻体现。陈宗胜（1999）认为我国1994年农产品商品化达91.5%。尽管不同学者由于估算方法等的差异，导致估计结果有所不同，但有一点是共同的，认为中国农产品市场化程度在提高，不同农产品市场化程度存在差异和我国劳动密集型农产品商业化经营程度已经达到了较高水平。

农户是农业市场化的行为主体。从微观视角看，农业市场化就是市场经济制度在农户生产经营各个环节逐步确立的过程（曹阳和王春超，2007）。农户在农业市场运行机制和生产利益目标诱导机制作用下，不断调整家庭劳动力、土地等要素的利用结构和方式，以适应现代农业发展的客观要求和市场需求，我国小农的经济行为在市场配置资源要素的诱导下正在朝市场化方向演进。在市场经济条件下，农户作为农业生产的基本组织单元，以家庭效用最大化为目标，通过合理配置生产要素进行产品生产，参与市场实现产品市场价值。

在农业市场不断商业化和专业化的环境下，从事高价值农产品生产的农户，其生产经营收益的实现必须通过市场交易来实现，农户不可避免地被卷入市场贸易与分工，接受更大的市场竞争压力和市场波动，因而高价值农产品农户的生产经营行为的市场导向性更加明显，具有更强的市场经营意识。现代农业中农户对市场的反应主要表现在对市场信息、市场价格与需求、流通方式等方面。因此，以市场为导向的农业生产要素配置和农产品销售行为，是农户生产经营市场化的集中体现，是农户作为农业市场化行为主体参与农业贸易与分工的重要特征，是现代农业发展的重要标志之一。本书对农户生产决策行为、生产技术效率、销售等行为的分析，均是以市场化背景为前提，来探求农户生产经营行为的主要特征及规律。

3.3.1.2 农户生产经营专业化

随着消费者食品需求的快速增加、消费结构、模式等的变化，生产体系的商业化倾向越发明显。国内市场和国际农产品市场一体化趋势明显，在此背景下的农户经营体系也被迫或主动朝着日益专业化方向发展。主要表现为农业总体布局方面的专业化，农业微观生产方面的专业化、为农业生产配套服务的专业化。由于我国地区经济和农业资源禀赋差异巨大，农户生产专业化经营水平差异大。但总体上农户专业化生产经营表现出以下特征：①尽管农户种植的作物品种多样，但农户家庭的主要资源和精力都投向某一种农产品的生产经营。虽然在区域水平上，从单纯粮食作物向多样化转变趋势明显，然而在单个农场（农户）水平上，趋势则是朝产品专业化发展。例如在中国，已有很多农户由传统的将饲养家畜作为副业转向家畜生产专业户，2000年中国畜牧专业户提供的畜产品占全国产量的15%（Fuller et al，2001）；部分地区农户已将西瓜作为家庭农业生产的主要作物乃至唯一种植作物，笔者在山东昌乐地区调研发现专业户发展迅速，有农户将自家所有农地用来种植西瓜，有的农户利用设施大棚甚至全年种植西瓜，生产专业化水平很高。②农户品种种植的专业化趋向过程也伴随着生产过程中生产作业流程、生产技术等的专业化。同时也包括生产物资供应、农业技术与信息提供的专业化。③伴随着产后环节的专业化，表现为流通组织与制度创新，出现经纪人、运销大户等中介商与专门从事产后农产品集散与运销服务组织，同时也催生了农产品加工、储藏、贸易等专业化组织的出现与发展。这些专业化组织或服务的出现，市场竞争的加剧，对农户农业生产在质量、安全等方面提出了更高要求。这又进一步促进了农户生产经营的专业化，使得农户能集中或专门地从事某一种农产品的种植或养殖，或者专门从事生产经营的某一环节，以降低生产经营成本，保障产品质量及安全。

农户生产经营的专业化、市场化过程是农户经济理性化的集中体现，农户专业化生产过程是家庭物质资源和人力资源的最优配置过程。为更加明晰地说明农户专业化生产的演变过程，用图3-1加以说明。

图3-1中横轴L为农户投入的劳动，纵轴为劳动投入的产出。OL_2是农户所拥有的能投入的劳动总量；I_0、I_1是一组效用曲线，其中直线部分是农户的最低需求；OC、OG、OH是农户的农业生产曲线；CA、ED、WO是非农业生产总产出曲线。当农户自给自足时，农户将全部劳动投入生产，此时，OL_1为农业生产时投入的劳动，产出为L_2A；L_1L_2为非农生产时投入的劳动，产出为AB。同时，L_1L_2满足了农户最低需求I_0。随着农户

生产技术水平、生产效率的提高，农户生产在满足自身消费后剩余的出现，推动了社会分工和市场交换的发展。市场交换的发展使得农户逐步放弃了部分经营活动。传统的"小而全"的经营方式逐步缩小，"专业化"模式发展增加。

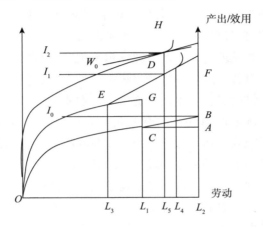

图 3-1　农户生产专业化演变

资料来源：Frank Ellis（1988）。

由于农户劳动生产率的提高，非农产业的总产出曲线由原来的 CB 上升到 ED，农户农业总产出曲线由原来的 OC 上升到 OG。在追求利润最大化目标下，农户将在农业生产中投入 OL_3 的劳动量，在非农业生产中投入 L_3L_4 的劳动量，L_4L_2 的劳动量将用于闲暇，此时，农户产出为 L_2F，满足了农户最低需求 I_1。此时，农户专业化生产方式的内涵和外延将发生深刻变化，农户接受新技能、学习最新的科技知识，或从事市场调研，来实现知识、技术、资本、劳动力等要素的有效组合，合理安排农业生产劳动时间进行专业化生产，从而进一步提高生产经营效率，最终使得农户的农业劳动生产率达到甚至超过非农产业水平。

W_0 为非农产业的劳动生产率，农户农业产出曲线将由原来

的曲线 OG 和非农产业的总产出曲线 ED 上升到专业化农户的总产出曲线 OH。专业化农户将 OL_5 的劳动量用于农业生产，将 L_5L_2 的时间用于闲暇，实现最大效用 I_2。在经营范围上，专业化农户集中于某类农产品的生产，甚至专门从事某些生产工艺或技术环节的生产。

3.3.2 农户技术效率与技术选择行为

新古典经济学从农业生产者是个人决策者出发，认为考察农业生产者的经济决策问题主要关注这三类关系：①要素投入与产出关系，不同产出水平对应不同的投入水平，也就是生产函数，投入产出之间的技术关系；②要素与要素关系（也称之为生产方法或生产技术），生产一定产出所需要的多种投入之间的不同组合。③产品与产品关系，一定的农业资源投入可以取得不同的产出，也被称为企业选择。微观经济学理论用要素与要素关系和投入与产出之间的变化来解释和分析农户生产行为，也即是表现为投入与产出的技术关系（生产函数）和技术选择两方面。具体来说，只要农户可以用多种组合来生产，替代原理就能体现农户生产行为。图 3-2 描述了农户生产中要素替代与技术变化。

图 3-2 中，P_1、P_2 代表劳动、资本投入的等成本线；I_1、I_2 代表在一定的技术水平下，劳动、资本两种要素的效用曲线。图中显示了农户在生产中所存在的两类不同技术变化。第一类是由要素替代所引起的投入结构的变化，在一条等产量线上的移动，即 A 点到 B 点的移动；第二类是由技术变化所引起的等产量线的移动，即 A 点到 C 点的移动。

当劳动的价格下降时，等成本线由 P_1 变为 P_2，此时，产量效应和替代效应产生。产量效应是指在其他要素价格不变的情况下，一种要素的投入价格下降，消耗等量的总成本，可获取产量的增加，在图 3-2 中显示为 A 点到 D 点的移动。替代效应是指

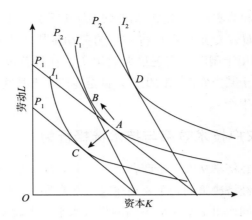

图 3-2　农户生产中要素替代与技术变化

资料来源：Frank Ellis（1988）。

在产量一定的情况下，农户根据变化后的要素价格进行生产，在图 3-2 中显示为 A 点到 B 点的移动。第一类中的要素替代是指在一定技术水平下，要素的相对价格发生变化后所引起的变化，可以由替代效应体现。第二类中的技术变化是指节约投入的资源或增加产出，产出的增加可以由产量效应体现。技术变化的一个重要特征是在产量一定的情况下，在所投入的要素价格发生改变时，可以减少一种或多种投入要素的数量，即提高了一种或多种投入要素的利用率和生产率；当所投入的要素价格不发生改变时，生产成本减少。等产量线可以表示为 P_1 向原点的移动，生产点可以表现为 A 点到 C 点的移动。

农户生产技术效率是指在投入的要素数量一定的情况下所能得到的最大产出（或者是在产出一定的情况下所能投入的最小要素数量）。提高农户生产技术效率一方面可以增加农户产出，提高其市场竞争力；另一方面，农户在寻求最小投入量的过程中，更积极地投入到市场中，增强与市场的联系。因此，由图 3-2 中农户生产点的移动可见技术变化影响了农户的生产行为和生产决策，使得技术成为农户生产经营市场化和专业化的最重要的行为特征。而最能体现技术的是生产率，最能体现农户生产率的是生产技术效率。

3.3.3 农户风险行为的一般理论

农业生产的自然生产属性天然地使农户处于各种风险之中，农户风险规避行为普遍存在。风险在农户决策中的影响不可忽视（Arriaza 和 Gómez-Limón，2003）。农业生产经营风险来源于不确定性。在经济分析中通用的风险概念，大多是指决策者对事件是否发生的个人感觉程度，指的是决策者在不确定事件面前做出决策的整体机制。农户风险，指农户未来可能因生产和生活方面的意外变化，导致其收入或支出的意外变化，从而导致农户生产生活陷入困境（马小勇，2006）。发展中国家的农户是生产单位和消费单位的集合，同时面临着生活风险和生产经营风险，本书主要关注农户生产经营风险，不涉及农户的生活风险。

农业生产经营中的风险具有广泛性、复杂性和多样性特征。一般来说，依据风险的成因可以把农业风险划分为市场风险、自然风险、社会风险、技术风险：①自然风险（即生产的不确定性）。指农业生产因受气候、瘟疫、疾病等其他自然灾害的影响，造成的农业产量或品质的不确定性。②市场波动（也称为市场的不确定性）风险。指农业产出品价格和投入品市场价格的波动性（Patrick 和 Whitaker，1983），这是世界农民都会遇到的问题，也是各国政府干预农产品市场的重要原因。发展中国家由于信息缺乏与市场不完全，这个问题更加严重。③社会风险。指由于个人或团体的社会行为造成的风险。④技术风险。技术风险产生于科学技术的副作用、局限性或其不当使用而给农业生产经营带来的各种损失的可能性。在这些农业风险中，农业生产经营风险主要来源于生产和市场两方面的不确定性。

农户风险认知与规避行为是农户生产经营行为的一个重要体现。以市场为导向的农户生产经营风险行为主要表现为不同风险状态下生产经营收入的比较，选择自己承受能力之内的生产决策。基于农户理性行为假设之上的预期效用理论是微观农业生产决策的理论基础。图 3-3 说明了农户理性行为基础上不同风险状态下行为决策变化。

图 3-3 中 X 表示可变投入，TVP 表示总产值曲线，TFC 为总成本曲线，表示增加可变投入（X）所导致的总成本增加；TVP_1、TVP_2 分别表示在风险较低状态和风险较高状态下可变投入（X）所对应的总产出；P_1、P_2 分别表示风险较低状态和风险较高状态发生的主观概率，我们假设只有这两种状态，则 $P_1 + P_2 = 1$，$E(TVP) = P_1(TVP_1) + P_2(TVP_2)$ 表示对风险状态的可能性做出主观判断之后，农户的预期总产出。图 3-3 中给出三个不同的生产点 X_1、X_2、X_E，每个生产点代表农户依据自己的主观风险判断做出的理性资源配置。①投入 X_1 和曲线 TVP_1 的配置效率一致。这表示如果 TVP_2 发生，农户将遭受损失 bj；如果 TVP_1 发生，农户将得到最大可能利润 ab。一个选择 X_1 投入的农户，是风险追求者。②投入 X_2 和曲线 TVP_2 的配置效率一致。这表示如果 TVP_2 发生，农户能获得少量利润 de；如果 TVP_1 发生，农户将获得利润 ce。选择 X_2 投入的农户，是一个风险规避者。③投入 X_E，表示较低和较高两种风险状态加权平均时的配置效率。这表示如果 TVP_2 发生，农户将损失 hi，它不是 TVP_2 曲线上的最小可能损失；如果 TVP_1 发生，农户将获得利润 fh。fh 显然小于 TVP_1 曲线所代表的最大可能利润。选择使用 X_E 投入的农户，是风险中立者。

农户选择什么样的投入取决于农户的风险态度，风险分析的基础是决策者对发生不确定事件的个人感觉强度和对潜在后果的个人评估（Aderson et al，1977），而这一评估受制于农户对风

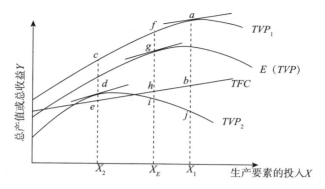

图 3-3 农户风险决策行为

资料来源：Frank Ellis（1988）。

险的认知行为和对风险的规避行为。对于以市场为导向的高价值农产品生产经营农户来说，市场风险更加突出。尤其是发展中国家农业市场不完全，缺乏信息，市场波动问题更加突出。市场既是机会，也是压力，市场关系的扩张必将将农民暴露在新的风险之下，不利的市场价格或市场风险会使参与市场的农民处于破产的威胁之下，高市场风险可能会使农户从专业化生产退回到多样化经营。所以农户需要采用参加生产或销售合同，进行多元化生产等风险管理策略来规避风险。

3.3.4 交易成本与农户销售行为

以市场为导向的农户要取得最大化利润，不仅需要在生产环节提高生产技术效率以获得生产成本优势方面的市场竞争力，而且更需要在进入市场时寻找最优的交易方式，获取交易成本方面的市场竞争力。交易成本影响农户市场参与行为，分析农户市场行为与交易成本之间的内在关系的重要目的之一，就是探讨如何使小农户由传统分散经营转向专业化市场分工，以最小的市场风险和最低的交易成本为代价，平等分享市场经济带来的成果。

交易成本是导致现代农产品市场交易分工日益细化的根本原因，专业化组织与分工的产生是专业化分工提高交易效率与交易成本的均衡结果。正如图 3-4 所示，农户既可以直接将农产品销售给最终消费者，也可选择产品集散、运销商作为交易对象，但直接销售给最终消费者需要支付高昂的信息搜寻、执行成本等费用，而选择运销商等可以提高交易效率，节约交易成本。农户对于是否进入市场的决策一般发生在生产和消费决策之前（Takeshima，2010），农户依据特定的农产品价格决定是否参与市场，当交易成本高于生产剩余时农户选择不进入市场，过高的搜寻成本可能会抵消农户预期的生产者剩余（Bowen et al，1986）。一般情况下，农户是农产品价格的接受者，在一定的生产技术和价格水平下，生产成本和销售收入不变。这种情形下，交易费用就是决定农户收益大小的关键因素。假定农户以预期纯收益最大化为目标，则其目标函数为：农户的预期收益＝销售收入－生产成本－交易成本。

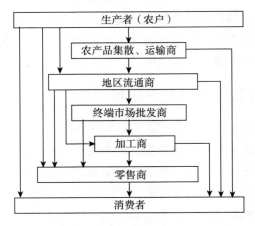

图 3-4　农产品市场流通结构

资料来源：屈小博（2008）。

交易成本影响农户农产品出售和交易对象的选择，不同的交易对象意味着不同的交易费用。农户作为理性"经济人"，会选择交易成本最低的交易对象合作。我们只需识别出影响农户交易成本因素，就能大体判断农户将与哪类交易对象合作。交易成本由主要交易特性（不确定性、交易频率、资产专用性、有限理性、机会主义）决定。交易特性又与交易环境、交易主体和客体的特性有关。因此，我们可认为影响农户交易特征的因素也是影响农户交易对象选择的因素。

我们在明确了交易成本对农户销售行为影响的理论后，在实证研究中需要寻找相关变量来刻画交易成本。交易成本对每一个市场参与者都是存在的。Coase（1937；1960）将交易成本分为发现价格的成本、协商和拟定交易合同的成本以及监督和保证合同顺利执行的成本。Williamson（1986；1993）从资产专用性、交易频率和不确定性3个角度刻画交易成本，并将交易成本分为交易前的信息成本、交易时的谈判成本、交易后的执行成本。其中，信息搜寻成本产生于与交易相关的预期，包括获得价格和产品相关信息所花费的成本和识别合适交易对象所花费的成本（Hobbs，1997）；谈判成本是实际达成一项交易所花费的成本，一般包括委托成本、实际达成交易条款所需要花费的成本和真实起草合约所需要花费的成本；监督成本是确保交易对方遵守交易条款所耗费的成本。Williamson的交易成本分类在关于农产品交易实际研究中已被广泛采用（Hobbs，1995）。本书在后文关于交易成本与农户销售行为的实证分析中，对交易成本的分类将参照Williamson对交易成本分类。

3.4 分析视角：不同经营规模与不同区域

3.4.1 不同经营规模分析视角的理由

农户生产经营行为涉及农户生产、销售等多个方面，现阶段我国农户分化趋势明显，农户的异质性可能导致农户生产经营行为的差异性。合理选取研究视角，有利于更准确地认识农户生产经营行为的主要特征及规律，探寻行为差异及其背后的原因。本研究选择不同规模为农户生产经营行为分析的主要视角，主要理由如下：

（1）许多研究证实农户技术效率的高低与农户经营规模有关。Anil（1981）对印度农户生产经营行为的研究结果认为，生产效率与农户规模存在反向关系。小规模农户作为一个整体比大规模农户作为整体的效率更高，但这种反向关系会随着技术的进步被打破。认为小农场的生产效率高于大农场的主要理由是，大农场雇佣劳动力相比小家庭农场使用家庭劳动力付出的监督成本较高，因此小家庭农场比大农场的生产率更高。这种效率通常源于生产劳动密集型农产品的小农场，家庭劳动力机会成本较低，而大农场具有信贷成本优势，这样就导致生产率和农场大小之间出现"U"形关系。而 Hall 和 Leveen（1978）对美国加利福尼亚州农场规模与经济效益的研究发现，中等农场和大农场的收益率高于小农场。国内学者对农户生产效率与经营规模关系做了一些研究，如高梦滔（2006）利用中国粮食种植户的数据，使用工具变量法处理选择偏误，结果表明农业生产率和面积之间存在显著的负向相关关系。林毅夫（1994）采用固定效应的 C-D 生产函数，利用 1970—1987 年的宏观数据，对中国农业的生产效率进行了研究，结果表明中国农业的规模报酬不变。对于从事高价值农产品生产的农户，研究经营规模与生产效率的关系，有可能从不同规模农户生产效率的差异中寻找农户生产行为偏好及规律。

（2）农业经营规模与交易成本有关。对从事高价值农产品生产经营的农户，其生产经营收益的实现必须通过市场交易，而农户几乎是农产品市场价格的接受者，而且决定产量的技术水平不能随时变化，因此在一定的生产技术和价格水平下，决定农户收益大小的就是交易费用。由于经营规模的差异，农户进入市场时的市场信息搜寻成本、市场竞争能力与谈判地位、农户监督合约执行及违约后讨价还价等能力存在差异，会导致交易成本差异，最终影响农户收益。

需要说明的是，本书实证研究的基本前提并未先验假定，由于经营规模差异而农户生产经营行为特征及影响因素一定存在显著差异。

3.4.2 不同经营规模划分的依据

农业经营规模是指"农业生产单位中生产力要素的集聚程度和组合关系，也即是劳动力、土地、资金等生产要素组合起来发挥作用的范围和数量界限"。可见农业经营规模是一个综合概念，它既可用单个生产要素的规模（如土地、资本、劳动力的规模）来表示，也可用多种要素综合作用的规模（如产值、产量）表示。根据上述定义，耕地面积、劳动力投入、产量、产值等都可以作为衡量经营规模的指标。但由于耕地面积数据容易获得，且和其他指标的相关性较好，能够较为科学的反映农业经营规模大小，也较容易进行区域比较，因此，大多数学术研究均将耕地面积作为农业经营规模衡量的指标（Robert Eastwood er al.，2005）。我国人地关系高度紧张，适度规模经营尤其重视提高土地生产率。国内对农业规模经营的研究，更加青睐用耕地或播种面积作为衡量规模大小的指标。

本书借鉴已有研究的经验规模划分和实际调查中从事高价值农产品农户对经营规模的经验划分。国内文献研究对经营规模划分的差异较小，将 3～5 亩①以下划分为小规模、8～10 亩以上划

---

① 亩为非法定计量单位，1 亩＝1/15 公顷。——编者注

分为较大规模（如李岳云，1999；张忠根和史清华，2001）。由于西瓜栽培在要素投入上，尤其是劳动力投入远高于水稻、小麦等粮食种植，西瓜种植户的经营规模普遍小于粮食农户经营规模。实际调查中农户对经营规模的经验划分：4 亩左右为小规模农户，8 亩以上则为西瓜种植大户。

综上，本书对西瓜农户规模的划分采用西瓜播种面积指标，具体分为 4 亩以下为小规模农户，4～8 亩为中规模农户，8 亩以上为大规模农户。

3.4.3　不同区域不同种植模式分析视角的理由

中国目前处于转型之中，是一个发展中的大国。大国的转型与发展特征使得对中国问题研究变得复杂而独特。"大国"暗含着中国农村市场化进程必然是在农业产业间、地区差异巨大的初始状态下展开的，"转型"说明农业"市场化"力量不容忽视（陈钊等，2009）。因此，本研究除了从不同规模视角进行分析外，还辅之以地域差异和种植模式差异对比分析。由于不同地区的自然禀赋、农业气候状况、市场环境等不尽相同，不同地区农户种植的西瓜品种、上市季节、栽培模式等方面存在差异，这些差异在统计上是否显著，不同地区农户西瓜生产行为表现下的差异是否又存在着趋同性。不同区域的分析视角，不仅有利于更加深入地分析农户生产经营行为，而且可能能为我国西瓜产业政策规划提供区域借鉴。同时西瓜露地栽培和设施栽培在投入产出、上市时间、种植技术等方面上有较大的差异，因此本书在适当的章节还会将不同种植模式进行对比分析。但是本书理论与实证研究均没有先验的假定，由于地区、种植模式不同而农户市场行为特征及影响因素一定存在显著差异。

3.5 本章小结

本章首先介绍了农户行为的经济学理论基础，然后结合第一章中基本概念界定与研究假设等，构建了包括农户种植决策行为、农业生产技术效率、交易成本与农户销售行为的农户生产经营行为分析框架，并根据农户所从事的农产品类别的特殊性，对西瓜生产特性进行经济学特性分析，最后确定和解释本研究的研究视角。

第四章　农户西瓜种植意愿及其影响因素分析

随着我国市场开放的加深，农户面临越来越大的市场风险，农户生产决策过程变得更为复杂。高价值农产品（HVPs）由于符合消费者对农产品消费结构升级与膳食营养多样化需求的趋势而被广大农业生产者所偏爱。与其他作物相比，水果生产仍保持较高的比较效益，推动面积扩大，特别是在西南、西北和北部地区。"十三五"期间，发展水果生产将是国家扶贫攻坚战略中精准扶贫的一个极其重要的产业选择。但近年来，蔬菜、水果等高价值农产品生产面临着劳动投入成本上升、不耐储藏运输、生产管理困难、价格波动频繁剧烈等多方面突出的问题，同时随着工业化、城镇化进程的加快，农民就业机会增多，农户分化明显，农户禀赋差异呈扩大趋势。农业比较效益的下滑直接影响农民的种植积极性，一些农户甚至产生了放弃农业生产的念头。因此，有必要识别、分析农户西瓜种植决策的影响因素。

微观农户西瓜生产行为被包裹在产业发展大环境之下。本章首先对中国西瓜产业从总体布局、种植面积、产量进行总体介绍，并对全国播种面积变化趋势及代表性省份播种面积变化趋势进行了分析。然后在产业大环境分析的基础之上，选定代表性的区域，以调查的代表性区域农户问卷数据为基础，统计描述性分析农户西瓜种植初始动因、播种面积调整原因，实证分析农户禀赋、家庭禀赋、组织化程度等因素对农户西瓜种植意愿的影响，探寻农户西瓜种植决策关键的影响因素，为寻求调整西瓜生产结构提供决策基础。

4.1　样本和数据

本章农户数据来源为笔者在河南、湖北、山东西瓜主产区组织的调研所得。宏观数据来自于各年《中国农业统计资料》和FAO数据库。

4.2　中国西瓜产业发展现状

4.2.1　中国西瓜生态区域分布

我国西瓜种植分布广泛，34个行政区域都种植西瓜。但是，由于各地自然环境和耕作制度差异大，任何一个西瓜品种在生产应用中都具有一定的地域性和差异性，对品种的要求也就各不相同（居辉等，2005）。主要划分为以下生态产区：华南（冬春）西甜瓜优势区、黄淮海（春夏）西甜瓜优势区、长江流域（夏季）西甜瓜优势区、西北（夏秋）西甜瓜优势区、东北（夏秋）西甜瓜优势区。

我国西瓜生产逐步走向区域化与规模化生产的格局，从全国区域布局来看，西瓜生产布局主要以华东、中南两大地区为主。2012年中南六省的西瓜播种面积为62.7万公顷，占全国西瓜总播种面积的34.8%；产量为2 499.0万吨，占全国西瓜总产量的35.3%；2012年华东六省一市的西瓜播种面积为61.9万公顷，占全国西瓜总播种面积的34.4%；产量为2 512万吨，占全国西瓜总产量的35.5%；华东和华南产区合计的播种面积和产量均占到全国比重的七成左右。

4.2.2　全国及主产省份西瓜种植业发展情况

　　西瓜在我国瓜果类作物生产中占据首要地位，2014 年中国西瓜播种面积 185.23 万公顷，总产量 7 484.3 万吨。从产量来看，1995—2014 年，全国西瓜总产量呈上升趋势，以 2000 年为分界点分两阶段，2000 年以前全国西瓜总产量上升速度较快，1995—2000 年西瓜产量增长了 1.74 倍；进入 21 世纪后，西瓜产量增长速度变缓，2000—2014 年增长了 41.17％。河南、山东、安徽西瓜总产量一直位居全国前三（表 4-1），2014 年三省西瓜产量占全国总产量的 42.46％，播种面积占全国西瓜总播种面积的 33.76％。河南省西瓜产量增长速度最快，2014 年产量为 1996 年的 3.55 倍；山东省西瓜产量进入 21 世纪以来呈周期性波动状态，2008 年出现最低谷值 996.31 万吨；湖北省西瓜产量及增长速度最慢，2014 年省总产量仅为 307.9 万吨（图 4-1）。

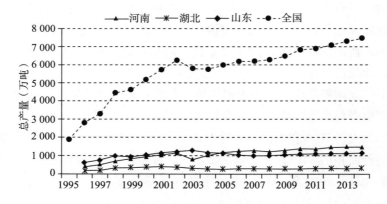

图 4-1　1995—2013 年全国及主产省西瓜总产量变化

资料来源：相关年份《中国农业统计资料》。

表4-1 中国1996—2014年西瓜十大主产省排名变动情况

单位：千公顷，万吨

排名	1996年			2001年			2006年			2011年			2014年		
	省份	面积	产量	省份	面积	产量	省份	面积	产量	省份	面积	产量	省份	面积	产量
1	山东	145.4	597.7	山东	267.4	1115.6	河南	294.1	1259.3	河南	265.7	1346.7	河南	274.2	1467.5
2	河南	134.8	413.8	河南	279.5	1037.3	山东	212.3	1016.1	山东	203.5	1079.8	山东	209.4	1138.5
3	安徽	90.2	216.5	安徽	187.6	393.0	安徽	148.2	492.5	安徽	136.3	510.9	安徽	141.8	572.1
4	河北	47.7	180.6	湖北	106.8	386.8	河北	73.6	359.4	河北	74.2	389.8	河北	78.5	435.4
5	湖南	55.2	176.6	江苏	98.0	353.1	江苏	92.0	328.4	江苏	98.4	382.1	江苏	99.8	414.8
6	湖北	51.7	175.8	河北	85.1	341.5	浙江	95.3	283.8	湖南	115.6	301.6	新疆	76.4	371.2
7	江苏	56.6	127.0	湖南	102.1	268.0	湖北	78.8	280.9	湖北	83.2	277.1	湖南	122.4	354.4
8	江西	50.8	106.7	黑龙江	77.4	233.8	湖南	100.4	267.4	浙江	83.8	264.3	湖北	83.7	307.9
9	浙江	37.2	91.2	浙江	79.1	229.4	黑龙江	75.0	263.8	广西	94.7	255.5	广西	108.7	299.7
10	黑龙江	30.9	90.4	江西	80.7	178.3	广西	55.9	147.0	新疆	60.7	240.1	陕西	63.2	223.3

资料来源：相关年份《中国农业统计资料》。

从面积来看，1995—2014 年，以 2000 年为分界点，2000 年以前全国西瓜播种面积上升速度较快，1995—2000 年西瓜播种面积增长了 1.08 倍；进入 21 世纪后，西瓜播种面积增长速度变缓，2000—2014 年增长了 13.32%。河南、湖北两省播种面积变化趋势与全国西瓜播种面积变化趋势相似，河南波动幅度大于湖北省。21 世纪后，山东省西瓜播种面积呈下降趋势，下降了 24.18 千公顷（图 4-2）。

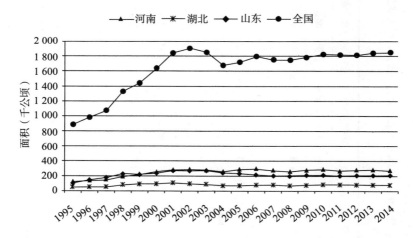

图 4-2　1995—2014 年全国及主产省西瓜播种面积变化情况

资料来源：相关年份《中国农业统计资料》。

从单产来看。在湖北、河南、山东三省中，山东、河南西瓜单产在 1995—2014 年总体呈上升趋势。山东西瓜单产在此期间一直高于河南和湖北，河南近来几年西瓜单产直追山东。湖北西瓜单产上升趋势不明显，在平稳中小幅波动，是这三省中单产最低的（图 4-3）。

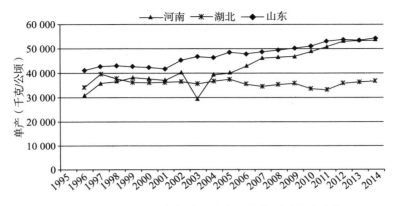

图 4-3 1995—2014 年河南、山东、湖北西瓜单产变化

资料来源：相关年份《中国农业统计资料》。

4.2.3 调研区域西瓜种植户生产行为基本情况

在对农户行为进行计量模型分析之前，先对农户西瓜生产的基本情况做统计描述，表 4-2 和表 4-3 报告了分区域农户西瓜生产的基本情况。

表 4-2 调研地区农户西瓜生产基本情况

单位：户

项目	河南	湖北	山东
茬口			
春茬	79（61.24%）	176（80.37%）	147（88.02%）
夏茬	45（34.88%）	27（12.33%）	1（0.6%）
秋茬	5（3.88%）	16（7.31%）	19（11.38%）
合计	129	219	167
品种熟期			
早熟	26（20.16%）	46（21.5%）	122（77.71%）
早中熟	63（48.84%）	102（47.66%）	23（14.65%）
中晚熟	38（29.46%）	62（28.97%）	4（2.55%）
晚熟	2（1.55%）	4（1.87%）	8（5.1%）
合计	129	214	157

（续）

项目	河南	湖北	山东
播种方式			
直播	19（14.96%）	33（15.79%）	4（2.72%）
非嫁接育苗	12（9.45%）	83（39.71%）	7（4.76%）
嫁接育苗	96（75.59%）	93（44.5%）	136（92.52%）
合计	127	209	147
种苗购买			
自育	92（68.66%）	130（58.82%）	127（81.94%）
大户	23（17.16%）	28（12.67%）	13（8.39%）
合作社	7（5.22%）	17（7.69%）	6（3.87%）
公司	8（5.97%）	28（12.67%）	9（5.81%）
科研单位	0（0%）	3（1.36%）	0（0%）
农技站	3（2.24%）	15（6.79%）	0（0%）
其他	1（0.75%）	0（0%）	0（0%）
合计	134	221	155
品种有无籽			
无籽	65（44.52%）	135（57.69%）	15（9.87%）
有籽	80（54.79%）	91（38.89%）	132（86.84%）
少籽	1（0.68%）	8（3.42%）	5（3.29%）
合计	146	234	152
品种果型			
大果型	91（66.42%）	94（42.34%）	115（72.78%）
中果型	32（23.36%）	81（36.49%）	26（16.46%）
小果/迷你型	11（8.03%）	23（10.36%）	11（6.96%）
高档礼品瓜	3（2.19%）	24（10.81%）	6（3.8%）
合计	137	222	158

（续）

项目	河南	湖北	山东
栽培方式			
露地栽培	101（77.69%）	150（66.96%）	1（0.65%）
小拱棚	5（3.85%）	6（2.68%）	7（4.58%）
中大棚	24（18.46%）	68（30.36%）	141（92.16%）
日光温室	0（0%）	0（0%）	4（2.61%）
合计	130	224	153
灌溉方式			
人工	4（7.69%）	49（23.44%）	6（3.92%）
不灌溉	2（3.85%）	30（14.35%）	65（42.48%）
漫灌	26（50%）	14（6.7%）	81（52.94%）
沟灌	17（32.69%）	41（19.62%）	（0%）
喷灌	3（5.77%）	73（34.93%）	1（0.65%）
滴灌	0（0%）	0（0%）	0（0%）
膜下暗灌	0（0%）	2（0.96%）	0（0%）
合计	52	209	153

注：表中各数字为各项对应的频数，括号内为对应的占比。

资料来源：笔者据调查问卷整理。

表 4-3 农户不采用设施种植的原因

原因	河南	湖北	山东
$s1$	42（29.37%）	46（19.09%）	6（23.08%）
$s2$	14（9.79%）	24（9.96%）	4（15.38%）
$s3$	16（11.19%）	43（17.84%）	4（15.38%）
$s4$	7（4.9%）	20（8.3%）	4（15.38%）
$s5$	20（13.99%）	47（19.5%）	3（11.54%）
$s6$	13（9.09%）	17（7.05%）	1（3.85%）
$s7$	20（13.99%）	20（8.3%）	1（3.85%）

（续）

原因	河南	湖北	山东
s8	11（7.69%）	24（9.96%）	3（11.54%）
合计	143	241	26

注：原因为多选。

资料来源：笔者据调查问卷整理。

（1）生产茬口。调研地区均以春茬为主。

（2）品种选择。从品种有无籽来看，河南地区有籽、无籽西瓜的种植比例比较接近，湖北地区以无籽西瓜为主，山东地区以有籽西瓜为主；从熟期来看，河南地区农户以早中熟品种为主，早熟和中晚熟品种也占一定比例，湖北地区情况比较类似，山东地区早熟品种占绝大多数；从果型来看，河南地区农户种植的品种以大果型为主，湖北地区与河南地区农户的种植果型类似；三个地区农户种植的西瓜均以大果型为主，中果型占比其次，有少量的小果型/迷你型和高档礼品瓜。

（3）播种方式。嫁接育苗是调研地区多数农户的选择，但嫁接育苗的地区选择差异较大，山东样本地区有 92.5% 的农户采用嫁接育苗，河南样本地区农户嫁接育苗选择比例为 75.6%，湖北样本地区农户嫁接育苗选择比例为 44.5%。西瓜嫁接育苗栽培能增强植株逆性环境的抗性，能解决西瓜重茬问题，有效防止枯萎病发生，增强嫁接苗抗逆性和吸肥能力，有效提高西瓜产量、品质和效益。

（4）种苗来源情况。育苗环节出现了专业化分工现象，出现了专门的育苗的大户、合作社甚至公司。调研地区农户西瓜种苗来源呈多样化趋势，一部分农户从大户、合作社、公司购买种苗。但目前仍以农户自己育苗为主，山东地区农户自己育苗的比例最高，达 81.94%。

（5）灌溉方式。调研地区农户对粗放的漫灌和沟灌方式采用率较高，对能够节水的喷灌、滴管方式采用率整体偏低。湖北地区的喷灌采用率达 34.9%，这主要是武汉郊区农户在政府的支持下安装了喷灌设备。

（6）种植模式。调研地区的种植模式差异较大。河南和湖北调查地区农户以露地种植为主，山东调查地区以设施种植为主。山东调查地区绝大多数采用中大棚种植，且出现了很现代化的日光温室（日光温室主要用来育苗）。调查中还进一步对不采用设施种植的原因进行了分析。主要原因有以下几种：s1 资金不足；s2 拥有土地面积过小；s3 家庭劳动力不足；s4 西瓜收入占家庭总收入比重过低；s5 基础设施难以达到设施栽培的要求（如地不平）；s6 对销售渠道顺畅与否存在顾虑；s7 不掌握设施栽培技术；s8 其他。三个地区农户不采用设施种植的原因选项中，农户选择 s1 资金不足的比例均为最高，可见资金约束的普遍性。占比排第二第三的选项分别为：河南地区为 s5 基础设施难以满足设施栽培、s7 不掌握设施栽培技术；湖北地区为 s5 基础设施难以满足设施栽培要求、s3 家庭劳动力不足；山东地区为 s2 拥有土地面积过小、s3 家庭劳动力不足。

4.3 农户西瓜种植动因及面积调整的描述性分析

4.3.1 农户西瓜种植初始动因分析

农户决策行为是多种因素共同作用的结果。本研究在问卷中设计了"您开始种植西瓜是出于什么原因"的多项选择题，将主要动因分为：①自己决策，认为相对收益较高；②祖辈一直在种，沿袭着种；③看见周围人种，跟着种；④响应政府号召；⑤安置家庭剩余劳动力；⑥满足自家消费；⑦其他原因。结果显示（表 4-4），调查样本农户中的 61.20% 开始种植西瓜是独立决策，认为相对收益高而开始种植；17.60% 的农户是跟随周围人种，表现出从众性；16.40%的农户是跟随祖辈种西瓜的传统习惯；9.40%的农户是响应政府号召；仅有3.00%的农户种植西瓜是为了满足自家消费（选择满足自家消费作为第一生产目的的实际只占1.22%）。可见被调查农户绝大多数人认为种植西瓜收益相对较高，从而选择种植西瓜，小部分农户无论是随周围农户跟随种植，还是沿袭父辈种植传统而种植的决策行为，都是在见证了周边农户或父辈种植西瓜相对收益可观的情形下做出的决策，实际上也是一种经济利益导向的决策行为，是一种面向市场的决策行为。在高价值农产品的种植决策中市场因素占绝对主导地位，农民种植高价值农产品是一种市场化经营行为，以追求收益最大化为动机。

表 4-4　农户西瓜种植的动因

西瓜种植动因	频数[a]	占比（%）[a]	频数[b]	占比（%）[b]
自己决策，认为相对收益高	306	61.20	303	61.84
看见周围人种，跟着种	88	17.60	75	15.31
沿袭祖辈	82	16.40	63	12.86
响应政府号召	47	9.40	36	7.35
满足自家消费	15	3.00	6	1.22
安置家庭剩余劳动力	7	1.40	2	0.41
其他	5	1.00	5	1.02
总样本	500	100	490	100

注：a为多选项全部统计结果；b为农户排在第一位的选项统计结果。
资料来源：笔者据调查问卷整理结果。

4.3.2　农户种植面积调整原因分析

调查结果显示，被调查农户中有57%的农户表示下年保持种植规模不变、38%的农户表示愿意扩大规模、5%的农户表示会缩减规模。调查中进一步对不愿意扩大种植的农户进行了开放式询问，经整理得出以下四类主要原因（表4-5）：第一，资源禀赋约束：劳动力约束（自有劳动力不足、年龄大了干不动了、年老了没有人接班种植、雇用劳动力工价太高）；土地约束（自家的地已全部种了西瓜，没法扩大；想流转地没有合适的）；技术约束（多年种植，重茬带来的病虫害严重，现有技术无法很好克服病虫害；不能水旱轮作，无法改良土壤）；另外有少量农户反映资金约束，西瓜种植投资量过大，投入成本太高。第二，认为近年西瓜比较效益趋于下降，扩大种植不划算（有少数农户因上年亏本而想退出种植）。第三，认为市场需求量（尤其是设施种植西瓜）基本饱和，现有种植面积已经过大，加上价格无法预测，市场风险太大；第四，销售渠道不畅；第五，对劳动环境及舒适性需求提高。认为西瓜种植作业环境差（尤其是设施种植，大棚内温度高），劳动强度太大，消耗了过多的体力。排在前四位的原因依次为劳动力约束、市场销售与价格波动太大、比较效益降低、技术约束。

表4-5 农户不愿意继续或扩大种植西瓜的原因

不愿意继续或扩大种植的原因	频数	占比（%）
劳动力不足（不足、年龄大后继无人、劳动强度太大，身体不好、消耗过多劳动力）	13	23.21
劳动力工价高（雇不起工）	4	7.14
土地受限	4	7.14
技术跟不上（重茬，病虫害严重、不能连种）	8	14.29
效益低（亏本、利润低、投入成本太大、人工成本太大）	11	19.64
价格波动大（市场风险大、价格无法预测、市场行情不好、价格低）	7	12.5
市场产量过剩（设施种植饱和）	2	3.57

（续）

不愿意继续或扩大种植的原因	频数	占比（％）
销售不畅	3	5.36
其他（作业环境差（棚温太高）、已有种植面积过大）	4	7.14
合计	56	100

注：在总样本中选择不愿意扩大或继续种植的农户共有 82 户，另外 28 户未回答具体原因。

在问卷调查过程中，还询问了农民扩大种植的原因：效益好、收益高、增加效益、赚钱、增收；卖得好、今年价格高、市场行情好；种别的不赚钱、没有别的品种可种、土地能流转过来、倒茬等。总体来看，农户扩大种植是在比较效益的驱动下决策行为。

4.4 理论框架与实证研究方法

4.4.1 理论框架

在农业市场化背景下，小农经济行为正朝着市场化方向演进。尤其是高价值农产品生产农户，其生产经营专业化、市场化倾向明显，其生产经营决策以追求利润最大化为目标。农户为获得最优土地利用效益，在生产利润诱导机制和市场运行机制的作用下，不断调整家庭土地的利用结构和方式，以适应市场供需要求和农业产业发展的客观要求。

在市场经济条件下，农户作为农业生产中最基本的单元，生产决策行为取决于做出决策时的主观和客观约束条件。主观约束条件主要指农户生产的目的，即满足自身消费需求或获取经济利益需求，高价值农产品农户生产的目的，是为了满足市场需求，获取产品利润。客观约束条件主要包括要素市场、产品市场、政策等因素。农户通过合理配置生产要素进行农业生产，参与市场并追求家庭效用最大化。农户种植效益的实现贯穿了农业产前安排、产中投入、产后销售整个流程，受到农户自身禀赋、生产要素市场、产品市场等内外环境的共同影响（图4-4）。

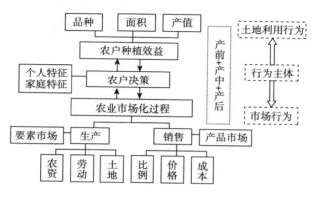

图 4-4　农户种植决策影响因素

4.4.2　实证研究方法

种植决策这一因变量是离散选择变量，在分析离散选择问题时采用概率模型（Logistic、Probit 和 Tobit）是理想的估计方法。在处理二分类因变量的情况下，Logistic 回归模型和 Probit 模型的结果十分近似，目前尚不存在坚实的理论区别二者的优劣。但在某些情况下，Logistic 模型和 Probit 模型的估计相差很大，当模型包含连续自变量时，应用 Logistic 回归模型更好。

本研究假定西瓜种植农户满足理性人假设，种植选择是基于期望效用的大小，并假设西瓜种植农户的效用函数为"平均—标准差"效用函数[①]。这样第 i 个农户种植西瓜相对于不种植所得

---

① Dillon J L, Scandizzo P L. Risk Attitudes of Subsistence Farmers in Northeast Brazil：A Sampling Approach. American Journal of Agricultural Economics，1978，60（3）：425-435.

增加的期望效用为：

$$E \nabla U_i = E \nabla TR_i + \beta V_i - \nabla TC_i \tag{4-1}$$

式中，$E \nabla TR_i$ 表示西瓜种植农户种植西瓜相对于不种植所增加的平均收益；V_i 为西瓜种植户的收益标准差，包括市场和技术两个方面的风险，β 为标准差系数，代表农户风险偏好类型，从而 $E \nabla TR_i + \beta V$ 可以被视为种植西瓜的风险收益；∇TC_i 为西瓜种植相对不种植所增加的成本。此外，对发展中国家农户的研究结果表明，农户追求利益最大化面临诸多约束（见上文）。选择西瓜种植户的种植意愿作为反映农户种植行为的代表变量，本研究设定以下离散选择变量：

$$E \nabla U_i = B'X_i + \varepsilon_i \begin{cases} Y_i = 1 & \text{if } \nabla U_i > 0 \\ Y_i = 0 & \text{if } \nabla U_i < 0 \end{cases} \tag{4-2}$$

式中，X_i 为影响农户种植决策的因素，$X_i' = (X_{i0}, X_{i1}, \cdots, X_{i17})$ 且 $X_{i0} = 1$，相关赋值及解释见表4-6，B 是待估参数向量，$B_i' = (B_1, B_2, \cdots, B_{17})$，$\varepsilon_i$ 为随机误差项。增加的效用 $\nabla U_i > 0$，则西瓜种植农户更倾向于选择继续种植西瓜，即 $Y_i = 1$；否则 $Y_i = 0$。令：

$$\text{prob}(Y_i = 1) = \pi_i = \text{prob}(\varepsilon_i > - B'X_i) = 1 - F(B'X_i) \tag{4-3}$$

假设误差项满足 logistic 分布，即：

$$\text{prob}(Y_i = 1) = \pi_i = \frac{e^{B'X_i}}{1 + e^{B'X_i}} \tag{4-4}$$

也即是：

$$Y = F\left(\beta_0 + \sum_{i=1}^{n} \beta_i T_i + \sum_{j=1}^{m} \beta_j X_j\right)$$
$$= \frac{1}{1 + \exp\left[-\left(\beta_0 + \sum_{i=1}^{n} \beta_i T_i + \sum_{j=1}^{m} \beta_j X_j + \mu\right)\right]} \tag{4-5}$$

根据式（4-5）进行 Logit 变换得到概率的函数与自变量之间的回归线模型。

$$\ln \frac{Y}{1-Y} = \beta_0 + \sum_{i=1}^{n} \beta_i T_i + \sum_{j=1}^{m} \beta_j X_j + \mu \qquad (4\text{-}6)$$

式中，Y 表示个体采取某一行动的概率，在此表示农户种植意愿；X_j（$j=1, 2, \cdots, m$）为解释变量；T_i 为控制变量（$i=1, 2, \cdots, n$）；β_i 和 β_j 为自变量的回归系数，表示当自变量取值不变时，自变量变化一个单位所引起的发生比（odds ratio）；β_0 为截距项；μ 表示随机误差项。

基于农户行为理论，参考已有研究关于农产品种植决策研究中变量的选择以及西瓜生产的特殊性，本书设定影响农户高价值农产品种植决策的变量主要包括三类：一是农户禀赋变量；二是农户风险偏好特征变量；三是市场因素变量，主要度量价格对农户决策的影响。

（1）农户禀赋变量。农户禀赋是指农户家庭成员及整个家庭所拥有的，包括天然所有及其后天所获得的资源和能力，它包括成员禀赋和家庭禀赋。

成员禀赋变量：①户主年龄。在当前种地农民老龄化趋势明显的背景下，现有种地农户年龄整体偏大，由于西瓜种植生产环节比较复杂，机械化水平低，需要投入大量劳动，对经营者体力要求高，年龄大的农户随身理机能的下降，田间作业能力下降，因此预期户主年龄对扩大西瓜种植意愿的影响为负。②户主受教育程度。对农户扩大种植意愿的影响可能有两种，教育水平相对较高的农户可以更好地应用先进技术、获取更有效的市场信息等资源而取得较好的收益。但受教育程度越高的农户，从事其他非农活动的概率大，因此对种植意愿决策的影响尚不确定，待实证检验。③是否参加农业技术培训。大量实证研究表明参加农业技术培训有助于提高农业生产效率，因此预期参加培训对农户扩大

种植决策有正向促进作用。

家庭禀赋：①家庭人口规模。家庭人口越多，农业劳动力可能越充足，同时人口经济负担比大，对高价值农作物的种植意愿高，因此预期对扩大种植面积有正向影响。②上期西瓜收入占家庭总收入的比例。比例越高，意味着对家庭经济的重要性越高，农户扩大种植意愿越高。③组织化程度。组织化程度越高，在生产技术及销售信息等方面可能拥有比较优势，因此预期加入合作组织对农户选择扩大种植有正向影响。④种植习惯（上期西瓜播种面积）。农户上期种植经验会对本期的种植产生影响。该变量对农户是否扩大种植决策影响不明确，需待实证检验。⑤种植年限。对农户而言，西瓜种植年限越长，经验越丰富，技术越熟练，对种植西瓜越有信心。因此预期种植年限对农户扩大种植决策有正向影响。⑥物质资产专用性。专用性实物资产是衡量农户生产能力的重要变量。专用性实物资产投资会提高生产效率。在西瓜生产中，设施大棚建设是一项比较大的实物性投资，本书选取是否采用设施种植作为物质资产专用性的替代变量。预期物质资产专用性投资对农户高价值农产品种植决策行为具有正向影响。⑦距市场距离。距离市场的距离可以反映农户对市场信息和农资等市场要素的可获取性，以及度量农产品销售过程中的运输成本。本书预期距离市场的距离对农户选择扩大种植决策具有负向作用。

（2）决策者风险态度变量。由于农作物投保难（西瓜等经济作物的投保相比于粮食难度更高），农民对于自然灾害和病虫害等意外风险、市场风险的承受能力非常有限，因此农业生产活动中的保守行为成为农民规避风险的一种重要手段。不同农民的风险偏好（风险规避程度）有所差异，而这种差异很可能会带来不同农户在种植决策上的差异。本书采用农户对新技术采用时机来测定农户风险偏好，越早采用新技术的农户，意味着农户越偏好风险。同时考虑到西瓜种植户种植模式的特殊性，还选用上一期农户是否采用套种（间作）来衡量农户的风险态度进行模型稳健性检验。间作可以有效规避风险，保障收益。近年在市场供给总体偏饱和的情形下，相对于传统粮食大田作物，市场风险更大，但其相对收益仍然较高。预期偏好风险的农户倾向于选择扩大种植，风险厌恶型的农户将倾向于放弃种植或缩小种植规模。

（3）市场因素变量。在特定的生产技术与市场交易条件下，要素与产品价格共同决定农户的生产和销售决策。由于受西瓜不耐储藏等属性及消费的季节性等因素的影响，不同地区、不同农户西瓜售卖的价格因供需、上市季节性等差异导致其销售价格差异很大；另外，即使是同一农户由于不同销售批次所得价格差异也大。价格波动频繁、波动幅度大，若用平均价格来度量将造成很大的信息损失，因而，本书采用农户对上期销售价格的满意度作为市场价格的代理变量。对上期销售价格的满意度变量相较于直接用销售价格变量而言，满意度评价对下一期种植决策的影响更为直接。预期售卖价格高满意度对农户扩大种植决策具有正向激励作用。

表 4-6 变量的选取与定义

变量名称	定义或赋值	变量类型	预期方向	均值	标准差
种植决策（Y_i）	是否增加种植面积，是＝1；否＝0	二分类		0.631	0.484
户主禀赋：					
户主年龄（Age）	户主实际年龄（岁）	连续型	—	47.56	9.15
文化水平（Edu）	户主受教育年限（年）	连续型	＋/－	9.050	2.375

（续）

变量名称	定义或赋值	变量类型	预期方向	均值	标准差
农业技术培训（Train）	是否参加培训，是＝1；否＝0	二分类	＋	0.842	0.365
家庭禀赋：					
家庭规模（People）	家庭人口数（人）	连续型	＋	4.213	1.215
西瓜收入占（Revenue）	西瓜收入占总收入比例（%）	连续型	＋	0.413	0.264
市场距离（Distance）	距离最近的批发市场距离（公里）	连续型	－	20.22	23.64
上期种植面积（Area）	农户上期西瓜种植面积（亩）	连续型	＋/－	7.09	1.06
种植年限（Year）	西瓜种植年限/年	连续型	＋	14.53	5.673
物质资产专用（Plant）	栽培方式，露地＝1；设施＝0	二分类	＋	0.49	0.50
西瓜面积比例（Warea）	西瓜面积占总经营面积的比例（%）	连续型	＋	0.606	0.539
组织化程度（Cooper）	是否是合作社成员，是＝1；否＝0	二分类	＋	0.450	0.499
是否间作（Interplant）	是否间作，是＝1；否＝0	二分类	－	0.32	0.28
风险类型（Risk）	以"风险爱好"为参照；设置 risk（2）和 risk（3）虚拟变量，分别对应"风险中立"和"风险厌恶"	多分类	－	1.748	0.659
上期西瓜销售满意度（Satisfy）	以"满意"为参照；设置 satisfy（2）和 satisfy（3）分别对应"比较满意"和"不满意"	多分类	－	1.770	0.777

4.5 农户种植决策行为及其影响因素计量结果分析

4.5.1 基本计量检验

Binary Logistic 回归对多元共线性敏感，当多元共线程度较高时，系数标准误的估计将产生偏差。因此，在进行 Binary Logistic 回归分析之前要检验变量间的多重共线性。一般认为，方差膨胀因子（VIF）值越大，说明变量间的多重共线性越严重，若 VIF≤5，可认为变量间不存在严重的多重共线性问题。进行多重共线性诊断（限于篇幅结果未列出），结果表明最大的方差膨胀因子为 1.630＜5，变量之间不存在严重多重共线，因此可采用 Binary Logistic 回归。

4.5.2 模型结果与分析

采用 stata 13.0 软件对调查数据进行带罚函数的二项 Logistic 回归，结果见表 4-7。其中模型 1 为基准模型，模型 2 是将模型 1 中的风险态度变量（*risk*）替换为是否间作（*interp*）变量，模型 3 是在模型 1 的基础上剔除不显著变量回归结果。三个模型都具有较好拟合优度，无论是系数方向还是显著性都基本一致，体现出较好的模型稳健性。模型解释主要以模型 3 为主。

表 4-7 农户种植决策影响因素的带罚函数的二项 logistic 回归结果

变量	模型 1		模型 2	模型 3	
	回归系数	odds ratio	回归系数	回归系数	margins
ln _ age	−4.602***	0.010***	−4.310***	−4.603***	−0.811***
	(1.257)	(0.013)	(1.227)	(1.259)	(−0.198)
edu	0.136*	1.146*	0.123	0.132*	0.023*
	(0.080)	(0.092)	(0.080)	(0.080)	(−0.014)

（续）

变量	模型 1		模型 2	模型 3	
	回归系数	odds ratio	回归系数	回归系数	margins
people	0.307**	1.360**	0.292**	0.309**	0.054**
	(0.151)	(0.205)	(0.148)	(0.150)	(−0.026)
revenue	1.320*	3.742*	1.360*	1.375*	0.242*
	(0.733)	(2.745)	(0.714)	(0.725)	(−0.124)
distance	−0.010	0.991	−0.011	−0.010	−0.002
	(0.008)	(0.008)	(0.008)	(0.008)	(−0.001)
train	0.875*	2.398*	0.868*	0.973**	0.171**
	(0.453)	(1.086)	(0.453)	(0.441)	(−0.075)
satisfy（2）	−0.157	0.855	−0.236	−0.174	−0.031
	(0.389)	(0.333)	(0.385)	(0.386)	(−0.068)
satisfy（3）	−1.145**	0.318**	−1.234***	−1.115**	−0.210**
	(0.447)	(0.142)	(0.445)	(0.435)	(−0.082)
ln _ *area*	−0.634**	0.530**	−0.706***	−0.571**	−0.101***
	(0.251)	(0.133)	(0.254)	(0.227)	(−0.038)
year	0.026	1.027	0.023	—	—
	(0.033)	(0.034)	(0.033)	—	—
plant	1.101***	3.007***	1.307**	1.178***	0.208***
	(0.402)	(1.210)	(0.554)	(0.379)	(−0.061)
cooper	0.229	1.257	0.257	—	—
	(0.365)	(0.459)	(0.353)	—	—
risk（2）	−0.323	0.724	−0.183	−0.296	−0.052
（*interplant*）	(0.394)	(0.285)	(0.518)	(0.385)	(−0.068)
risk（3）	−1.223**	0.294**		−1.205**	−0.225**
	(0.549)	(0.161)		(0.546)	(−0.102)
Constant	15.649***	6 255 874***	14.549***	15.884***	
	(5.027)	(31 446 974)	(4.902)	(5.023)	
Pseudo R2	0.204 4		0.187 2	0.200 9	
Prob > chi2	0.000		0.000	0.000	
Log likelihood	−115.952		−118.467	−116.475	

注：括号内的值为标准误；*、**、***分别表示在10%、5%、1%显著性水平上显著。

4.5.2.1 农户成员禀赋对种植决策的影响

农户成员禀赋：①户主年龄（*age*）对农户选择扩大西瓜种植面积具有显著负向影响，且在1％的置信水平下显著，与预期影响一致。表明在其他条件不变的条件下，户主年龄越大的农户西瓜种植意愿越低，这与张怡（2015）对农户花生种植行为分析结果一致。与表4-5中选择不扩大种植的原因统计结果中，劳动力原因占比最高结果吻合。②受教育程度（*edu*）对农户选择继续种植有显著正向影响。表明在控制其他因素条件下，文化程度越高的农户选择扩大西瓜种植的倾向的越高，这与朱慧等（2012）的研究结论相反。调查样本农户的受教育年限均值为8年，教育水平不高，转产从事非农产业的优势不明显，但在西瓜产业内，由于西瓜种植技术性较高，教育水平较高的农户却拥有相对优势，其接受新事物的能力较强，在新技术的应用及市场信息获取及分辨中有优势。③参加技术培训（*train*）对选择农户扩大西瓜种植决策具有显著正向影响，与预期一致。西瓜生产环节比较复杂，对生产技术要求较高，尤其是病虫害防治技术，参加培训过的农户相对于没有参加培训的农户在生产技术及生产效率方面等具有优势，种植意愿更强。

4.5.2.2 农户家庭禀赋对种植决策的影响

（1）家庭人口规模（*people*）对农户扩大西瓜种植有显著正向影响。即在其他条件不变的条件下，家庭人口规模越大，选择扩大种植的可能性越大。可能解释是，家庭规模越大的农户，劳动力越充足或人口负担比越大。西瓜作为劳动密集型高价值作物，具有就业效应与收入效应双重效应，相对于大田作物不仅能带动更多的就业，且相对收益较高，因此家庭人口规模越大的农户选择扩大种植的概率越大；

（2）上期西瓜收入占家庭总收入的比重（*revenue*）对农户选择扩大西瓜种植呈显著正向影响。农户从事西瓜种植的主要目的就是为了获取收益，西瓜收入占家庭收入比重越高，说明瓜农对种植西瓜取得收入的依耐性越高，越有动力扩大西瓜种植规模，以获取生产和销售规模收益递增的好处；而种瓜收入占家庭收入比重较小的瓜农，西瓜种植收入对整个家庭经济收入的重要性不高，所以在决策西瓜种植面积大小时更灵活，扩大种植的动力越小。

（3）物质资产专用性（*plant*）对西瓜种植决策在 1% 的置信水下显著正向影响，与预期一致。设施栽培相对于露地栽培，较高的专用性实物资产投资提高了生产效率，设施种植不仅具有产量保障优势，且能够反季节种植，在售卖价格上有优势。设施种植农户的专业化、市场化程度较高，扩大规模获取规模收益好处的意愿和能力更强。

（4）种植习惯（上期西瓜种植面积 *area*）对西瓜扩大种植面积决策在三个模型中均为显著负向影响。说明在其他条件不变的情况下，上期西瓜种植面积越大的农户扩大种植的倾向越低。有研究认为，在我国传统种植习惯深深地影响着农户的种植决策，例如宋雨河等（2014）将上期播种面积视为表征传统习惯的变量，认为我国农户生产决策主要是沿袭种植习惯及与周围农户保持类似习惯，调整意愿低。除了习惯影响外，可能的解释是，现有种植规模已较大，调查地区总样本农户的平均种植面积为 10.19 亩，可能已经实现了家庭资源的最优配置。

4.5.2.3　农户风险态度对农户种植决策的影响

无论是以新技术采用时机衡量的风险态度，还是以是否间作套种衡量的农户风险态度，3 个模型都表明，风险规避程度越高的农户越倾向于不扩大种植。相对于风险厌恶型农户，风险爱好型农户倾向扩大西瓜种植，且在 5% 的置信水平下显著；风险中立的农户也倾向扩大种植，但在统计上不显著。农户风险态度的另一个代理变量"是否间作"在统计上不显著，但影响方向为负，即相对于非间作的农户，采用间作的农户扩大种植的可能性更低。间作既是一种风险规避手段，同时也可看成是追求利润最大化的一种选择。从调查农户采用间作的首要目的来看，有68.61%的农户是为了增加收益，16.06%的农户为了克服连作障碍，11.68%的农户为了分散种植风险。正如Norman指出的那样，间作是既符合最大化利润标准，也符合产量保证标准的一个突出例子，可见避免风险的战略并不必然和效率标准相对立。

4.5.2.4 市场因素对农户种植决策的影响

上期销售价格的满意度（satisfy）对农户扩大西瓜种植决策在5%的置信水平下呈显著正向影响。相对于"满意"而言，"不满意"的农户倾向于不扩大种植。农户种植西瓜的主要目的是为了追求利润，满意的销售价格会直接影响下年的种植决策及调整。

4.5.2.5 边际效应分析

从各影响因素的边际效应看，农户禀赋因素中，户主年龄、收入占比、价格满意度、物质资产专用性对农户种植决策影响较大。其中决策者的年龄（ln_age）的边际影响效应最大，决策者年龄每增加一个单位，农户放弃西瓜种植的概率提高81.1%。西瓜收入占家庭总收入的比重（Revenue）变量增加一个单位，农户扩大西瓜种植的概率增加24.2%。参加培训（train）的农户相对于没有参加培训的农户，扩大种植的概率增加17.1%。市场能力（plant）高的农户，即若露地转变为设施栽培，继续种植西瓜的概率提高20.8%；市场因素，即上期西瓜销售满意度（satisfy）由"满意"到"不满意"，农户扩大种植的概率的降低21%；农户风险态度因素变量的边际效应较大，如果农户持风险规避态度，扩大种植的概率较小。若农户风险态度由风险爱好型转变为风险规避型，扩大种植的概率降低22.5%。

4.6 本章小结

本章以西瓜主产区农户调研数据为基础，分析了调研区域农户西瓜生产的基本情况，并统计描述性分析了主产区农户西瓜种植的动因及种植规模调整的原因，最后利用计量模型实证分析了农户西瓜种植意愿及其影响因素。结果表明：

（1）农户西瓜生产行为存在较大的区域差异性。种植品种、种植模式上存在一定的差异。但差异中也呈现出趋同性行为特征，如嫁接育苗是不同区域大多数农户的选择，选用的大多是比较粗放的灌溉方式，认为制约采用设施种植西瓜的首要因素是资金约束。

（2）农户西瓜生产是以市场为导向的商品性生产经营行为，进入及结构调整都是基于自身资源禀赋及预期收益的理性决策。目前农户西瓜种植决策及调整的首要制约因素是劳动力问题，其次是比较效益趋降、技术制约、市场价格波动大。农户分化将促使高价值农产品的生产向文化程度高、市场营销能力强的农户集中，高价值农产品生产将进一步向专业化、市场化、规模化方向发展。

（3）农户种植意愿计量实证分析表明，农户调整高价值农产品种植决策行为很大程度上取决于农户的风险态度，农户风险偏好水平越高，扩大种植的可能性越高。农户禀赋因素中户主受教育年限、家庭人口规模、西瓜收入占家庭总收入的比重、参加培训、市场能力对农户扩大高价值农产品意愿有显著正向影响。户主年龄、上期播种面积对农户扩大高价值农产品种植决策有显著负向影响。其中户主年龄、收入占比、市场能力对农户种植决策的边际影响均在20%以上；市场因素对农户高价值农产品扩大种植具有正向激励作用。

第五章　农户生产技术效率及其影响因素分析

生产技术效率体现了以市场为导向的农户使用一定数量的要素投入所能达到的最高产量的生产行为。农户生产技术效率的高低直接关系到高价值农产品市场竞争力和收益多寡。本章在第三章理论分析的基础上，应用异质性随机前沿生产函数模型测算高价值农产品农户生产技术平均效率，估计了农户技术效率损失的影响因素，并对不同规模、不同地区、不同种植模式农户生产技术效率的差异进行了检验，以更深层次地探寻高价值农产品农户技术效率差异的原因。

5.1　理论分析与模型构建

5.1.1　生产技术效率模型与方法

效率包括技术效率和配置效率（Farrell，1957），其中技术有效指给定投入，企业能够获得最大产出的能力（产出技术有效），或者是给定产出，企业使用最少投入的能力（投入技术有效）；配置效率指企业在一定要素投入价格条件下实现投入（产出）最优组合的能力。在一般情况下，农户往往是首先利用现有资源而不是对其重新组合进而从降低成本中获益，因此更多情况对效率的测量是针对技术效率（黄祖辉，2011）。因此，本章具体考察农户西瓜生产的技术效率。

从已有文献的研究方法来看，主要使用的是基于前沿理论的参数法，如 Boyle（2004）、Hailu et al.（2007），非参数法，如 Ariyaratne et al.（2000）、Galdeano et al.（2006）。这两种方法各有其优缺点，参数方法的优点是考虑到了随机误差因素并对相关假设进行统计检验，能将随机扰动影响与非效率分开，缺点是在假定前沿面之前就设定了具体函数形式，无法区分设定偏误与非效率性问题，且局限于单一产出；非参数方法（主要是 DEA 方法）能克服前者的缺点。但是，传统 DEA 方法也存在没有考虑随机扰动影响等缺陷。相对而言，参数方法优势明显。本书采用随机前沿参数方法测算农户生产技术效率。

随机前沿模型最初由 Aigner、Lovell、Schmidt（1977）和 Meeusen、van den Broeck（1977）分别独立提出，随后在计量经济学领域得到广泛应用。随机前沿生产函数模型有如下形式：

$$Y_i = f(X_i;\beta) + \exp(\varepsilon \equiv \nu_i - \mu_i) \tag{5-1}$$

$$\ln Y_i = \ln f(X_i;\beta) + \nu_i - \mu_i \tag{5-2}$$

模型（5-1）是一个典型的随机前沿模型。模型（5-2）是模型（5-1）的对数形式，Y 代表实际产出；$f(\cdot)$ 表示生产函数，它代表了现有技术条件下的最佳产出；X_i 代表投入要素；β 为待估参数向量；ε 表示混合干扰项 ν_i 和 μ_i。其中 ν_i 为常规意义上的随机干扰项，用来判别测量误差和随机干扰效果，假设其服从正态分布且彼此独立，即 $\nu_i \sim \text{i. i. d. N}(0, \delta_\nu^2)$；$\mu_i$ 为第 i 个样本单元的生产技术无效率的部分，即样本产出与生产可能性边界的距离，由于具有单边分布的特征，假设其服从半正态分布，即 $\mu_i \sim N^+(m_i, \delta_\mu^2)$。则样本单元的技术效率函数可表示：

$$m_i = \delta_0 + \sum_{k=1}^{n} \delta_k z_{ki} + \omega_i \tag{5-3}$$

式中，ω_i 为服从极值分布的随机变量；z_{ki} 为影响农户生产技术效率的第 K 项外生变量；δ_0 和 δ_k 为待估参数。由于上述回归方程的误差项不满足经典最小二乘法假设，所以 OLS 方法不再适用。Battese 和 Corra（1977）采用最大似然估计思路和非线性估计技术，得出所有参数最大似然估计量。

因此技术效率 $TE_i = E[\exp(-\mu_i \mid \nu_i - \mu_i)]$，表示农户 i 的农业生产技术效率值。结合式（5-1）也即是：

$$TE_i = Y_i/e^{f(X_i;\beta)+\nu_i} = \exp(-U_i) = Y_i/Y_i^* \qquad (5\text{-}4)$$

Y_i 是被观察样本的实际产出，Y_i^* 是给定投入水平下最大可能产出。这种技术效率测量在 0 和 1 之间取值。

随机前沿生产函数模型需预先假设具体的生产函数，这是该模型的一个缺点。实证研究中通常将生产函数设定为 C-D 生产函数和超越对数（Trans-log）生产函数。如进行模型的生产要素种类较多时，使用 Trans-log 生产函数形式将使结果变得很复杂。Kopp and Smith（1980）认为，生产函数形式的设定对技术效率估计结果的准确性影响很小。Taylor and Shonkwiler（1986）指出，若研究的关注点在于测量技术效率而非具体的生产技术的形式，柯布-道格拉斯生产函数可充分代表一般生产函数。因此尽管有缺陷，由于本书希望分别观察各类生产要素的影响，故不采用生产要素加总合并为某一指标的做法，本书选用形式简单的 C-D 生产函数。

随机前沿生产函数模型常用的估计方法为一步法和两步法。两步法估计的原理为：首先在忽略技术效率影响因素的条件下估计生产函数和技术效率值，然后对技术效率的影响因素进行回归（Chen et al.，2009）。在早期，两步法被认为是一种有效的方法，但由于在两步估计中，技术效率的分布假设不一致，导致两步法估计中的第一步估计结果有偏（Wang & Schmidt，2002）。Battese 和 Coelli（1995；1996）对两步法进行了改进，采用一步法来估计个体的技术效率值及其影响因素。在一步法估计中，μ_i 的均值假设由外生变量 $\mu_i = (\gamma'Z_i + \varepsilon_i) \geqslant 0, \varepsilon_i \sim N(0, \delta_\varepsilon^2)$，且

ε_i 的分布以 $-\gamma'Z_i$ 为上界。此时，$\mu_i \sim N^+(\gamma'Z_i, \delta_\mu^2)$。假设已知 ν_i 和 μ_i 的分布形式，对技术效率的估计可采用最大似然估计法。本书运用的是农户层面的截面数据，假设所有调查的高价值农产品农户面临相同的技术进步条件。

5.1.2 实证模型构建

基于上述理论分析，本书采用基于 Cobb-Douglas 生产函数的随机前沿模型分析和测算农户生产技术效率，模型形式如下：

$$\ln Y_i = \beta_0 + \beta_1 \ln(sed)_i + \beta_2 \ln(poe)_i + \beta_3 \ln(fer)_i$$
$$+ \beta_4 \ln(labor)_i + \beta_5 \ln(jxt)_i + \beta_6 \ln(fug)_i$$
$$+ \beta_7 area_1 + \beta_8 area_2 + \beta_9 area_3 + \nu_i - \mu_i$$

$$(5\text{-}5)$$

模型（5-5）中，i 表示农户样本序号；Y 表示单位面积西瓜产量；sed 表示单位面积种苗投入；poe 表示单位面积农药投入；fer 表示单位面积肥料投入（包括农家肥、生物肥料和化肥）；$labor$ 表示单位面积劳动力投入；fug 表示单位面积农膜投入（包括地膜和棚膜）；jxt 表示单位面积机械投入；$area$ 分别表示地区 1（河南）、地区 2（湖北）、地区 3（山东）三个区域虚拟变量。本模型未将农业生产中重要的土地要素纳入模型，因本模型的解释变量和被解释变量均以单位亩均投入为计量单位。除了农药投入外，其他投入要素对西瓜单产的预期影响均为正向。因为农药投入对西瓜产量的影响取决于农药的使用是为了控制还是预防病虫害。若是为了预防病虫害，农药的投入预期对西瓜产量有正向效应，否则，农药投入预期对西瓜产量有负向效应。但作者无法预先区分这两者的效应，故农药投入对西瓜产量的影响效应不确定。

根据式（5-3）对农户生产技术效率影响因素模型设定形式如下：

$$m_i = \alpha_0 + \alpha_1 age_i + \alpha_2 edu_i + \alpha_3 people_i + \alpha_4 aglabor_i$$
$$+ \alpha_5 plyear_i + \alpha_6 train_i + \alpha_7 cor_i + \alpha_8 load_i$$
$$+ \alpha_9 zpway_i + \alpha_{10} wabta_i + \alpha_{11} risk_i$$
$$+ \alpha_{12} distance_i + \alpha_{13} interpl_i + \omega_i \qquad (5\text{-}6)$$

模型（5-6）中，下标 i 与模型（5-5）的下标相同；age 表示户主年龄；edu 表示户主受教育水平；$people$ 表示农户家庭人口规模；$aglabor$ 表示常年在家务农的劳动力人数；$plyear$ 表示农户西瓜种植年限；$train$ 表示是否参加技术培训（是＝1，否＝0）；cor 表示是否参加合作社（是＝1，否＝0）；$load$ 表示资金信贷可得性（能否借到资金＝1，否＝0）；$zpway$ 表示种植模式（设施种植＝1，露地种植＝0）；$wabta$ 表示西瓜种植面积占家庭总经营面积的比重；$risk$ 表示农户风险态度（风险规避＝1，风险中立＝2，风险爱好＝3）；$distance$ 表示农户距离最近批发市场的距离；$interpl$ 表示是否套种（是＝1，否＝0）。$\alpha_0 - \alpha_{10}$ 为各影响因素的待估参数。

5.2 数据来源与统计描述

本章所用数据来源河南、湖北、山东西瓜主产区的农户调查，具体情况说明见第 1 章第 1.5.2 节。表 5-1 是不同经营规模和地区农户的统计特征[①]，表 5-1 中统计描述值均为农户西瓜种植面积。表 5-2 和表 5-3 是对模型（5-5）和模型（5-6）中使用的变量的统计描述。4 亩以下、4～8 亩、8 亩以上经营规模的西瓜经营面积均值依次为 2.263 亩、5.986 亩、14.40 亩。调查地区 2 的农户平均西瓜经营规模最高为 9.705 亩，地区 3 为 8.327 亩，地区 1 最小为 7.757 亩。

---

① 有关规模户划分的标准见第三章第五节不同经营规模划分的依据。

表 5-1　不同经营规模和不同区域农户的统计特征

经营规模	均值	标准差	最小值（亩数）	最大值（亩数）	频数	占样本百分比（％）
4 亩以下	2.263	0.834	0.70	3.50	79	15.8
4～8 亩	5.986	1.413	4	8	220	44.00
8 亩以上	14.400	6.561	8.50	45	201	40.20
全体样本	8.785	6.413	0.70	45	500	100
地区 1	7.757	5.692	1	40	129	25.80
地区 2	9.705	8.092	0.700	45	218	43.60
地区 3	8.327	3.455	2	20	153	30.60

资料来源：笔者据调查数据整理所得。

表 5-2　不同规模组农户投入产出描述统计

不同规模	变量	单产（千克/亩）	种子（元/亩）	农药（元/亩）	化肥（元/亩）	劳动力（天/亩）	机械（元/亩）	农膜（元/亩）
4 亩以下样本	均值	2 634.90	295.50	114.90	537.60	42.62	85.63	500.00
	标准差	1 016.44	207.90	82.59	384.30	22.87	38.56	603.30
	最小值	500.00	30.00	0.00	90.00	10.00	0.00	18.00
	最大值	5 000.00	800.00	333.30	2 000.00	100.00	200.00	2 000.00
4～8 亩样本	均值	2 728.18	306.20	127.70	643.60	33.77	106.80	619.70
	标准差	850.15	284.40	78.81	538.80	17.39	76.75	721.00
	最小值	500.00	30.00	0.00	100.00	10.00	0.00	0.00
	最大值	5 000.00	2 000.00	350.00	3 000.00	100.00	500.00	5 000.00
8 亩以上样本	均值	2 588.44	284.00	128.10	617.80	33.52	102.80	671.90
	标准差	959.70	275.30	90.41	495.50	19.87	82.95	829.30
	最小值	500.00	35.00	9.00	80.00	10.00	0.00	10.00
	最大值	4 500.00	2 000.00	350.00	2 000.00	100.00	500.00	4 000.00

表 5-3 技术效率影响因素描述统计

变量		单位	均值	标准差	最小值	最大值
age	户主年龄	年	47.57	9.156	21	72
edu	户主受教育水平	年	7.986	3.021	0	16
people	家庭人口规模	人	4.424	1.424	1	10
aglabor	家庭农业劳动力人数	人	2.74	1.154	1	10
ln plyear	种植年限（对数）	年	2.691	0.528	0.693	3.689
cor	合作社	—	0.262	0.44	0	1
load	借贷	—	0.238	0.426	0	1
zpway	栽培模式	—	0.498	0.5	0	1
wabta	西瓜面积占比	—	0.213	0.108	0.009	0.667
train	培训	—	0.564	0.496	0	1
risk	风险态度	—	1.764	0.694	1	3
ln distance	市场距离（对数）	公里	1.074	2.056	−9.21	4.605
interpl	间作	—	0.52	0.5	0	1

结合表 5-1、表 5-2 和表 5-3 的统计描述，可归纳出我国西瓜种植户生产的基本特点：第一，户均种植规模上，调查范围内样本差异较大，0.7～45 亩不等。但区域性差异不明显，湖北、山东、河南调查地区农户平均西瓜经营规模分别为 9.71 亩、8.33 亩、7.76 亩。西瓜生产具有劳动密集型属性，其种植规模普遍受劳动力制约较大，而露地和设施种植模式也是影响规模差异重要原因。第二，不同规模西瓜种植户单产水平悬殊，大规模和小规模西瓜种植户的单产均值小于中规模种植户。第三，不同规模西瓜种植户在要素投入上表现出差异性，小规模西瓜种植户的劳动力投入较多，中大规模的物质投入较多。西瓜生产总体肥料和农膜投入大，主要源于化学肥料价格上涨，以及有机肥的使用对改善西瓜口感、促进生产绿色化等优势，近年对有机肥投入增大，也增加了肥料总投入。西瓜种植的农膜投入包括棚膜和地膜，种

植模式的改进，出现了多膜覆盖、天地膜等方式，对农膜的需求量增加。第四，样本农户具有较为丰富的西瓜种植经验，平均种植年限达 16.59 年。第五，全部调查样本的露地种植和设施种植比例大体相当，但露地和设施种植的地区性差异较大，河南和湖北的调查农户以露地种植为主，山东调查农户以设施种植为主。

5.3　不同规模农户生产技术效率估计

利用 stata 13.0 软件，运用一步法估计随机前沿生产函数和技术效率及其影响因素。因为所用数据为农户层面的调查数据，模型的随机干扰项可能存在异方差，为了避免可能的异方差，在随机前沿模型估计中采用了异质性 SFA 模型。随机前沿生产函数的回归结果见表 5-4 上半部分。

在所有模型中肥料、劳动力、机械、农膜要素投入符号与预期一致，都为正，其参数均在 1% 的水平通过显著性检验，说明化肥、劳动力、机械、农膜投入对西瓜产出具有显著正向影响，肥料的产出弹性依次为 0.009，表示在其他条件保持不变的情况下，如果化肥增加 1%，则西瓜产量就会增加 0.009%。其他变量解释类推。种子投入变量产出弹性系数为负，与预期相反，且在 1% 的水平上显著，尽管这与直觉不符，但与 Feng（2008）、黄祖辉（2014）研究中种子的产出弹性方向一致。需要进一步研究西瓜种子特征（例如，西瓜种子在果型方面的差异，大果型和小果型西瓜种子的单位价格差异比较大，但小果型西瓜和大果型西瓜的单产相差很大）对种子投入的影响，进而找出西瓜种子投入对西瓜产出的中间影响路径。农药投入变量系数为负，农药的投入主要是为了控制病虫害，导致对单产的负向影响。区域虚拟变量参数在 1% 的水平上通过显著性检验，说明西瓜生产经营存在显著的地域差异。

表5-4 随机前沿生产函数的估计结果及影响因素

变量	全体样本		4亩以下		4~8亩		8亩以上	
	系数	标准误	系数	标准误	系数	标准误	系数	标准误
种子（对数）	-0.013 5	0.015 8	-0.073 2*	0.043 6	-0.068 9***	0.000 9	-0.006 5	0.019 7
农药（对数）	-0.004 9	0.015 2	-0.005 6	0.044 6	-0.018 6***	0.010 3	0.024 6	0.020 8
肥料（对数）	0.009	0.018 7	0.026 1	0.041 1	0.059 1***	0.041 2	0.057 5**	0.025 5
劳动力（对数）	0.036 6*	0.019 1	0.232***	0.052 4	0.072 2***	0.019 9	0.029 7	0.024 1
机械（对数）	0.002 4	0.016 6	0.097 2*	0.054 6	0.045 7***	0.011 8	0.001 3	0.022 3
农膜（对数）	0.010 3	0.009 6	0.053 4**	0.026 8	0.006 1***	0.019 5	0.004 1	0.014
地区2	-0.333***	0.033 5	-0.282***	0.093 7	-0.305***	0.031 6	-0.379***	0.049 3
地区1	0.002	0.038 8	-0.493***	0.082	-0.089 6***	0.025 8	0.102	0.064
常数项	8.868***	0.158	8.714***	0.399	10.00***	0.002 2	8.356***	0.236
户主年龄	0.000 3	0.011 9	-0.004 8	0.037 1	-0.012 3	0.017 5	0.017 5	0.020 2
教育水平	0.008 5**	0.034 3	0.298***	0.105	0.044 3*	0.048 5	0.056 4**	0.07
家庭人口规模	0.001 2	0.080 9	0.229	0.232	0.023 5	0.125	0.076 6	0.134
农业劳动力	0.144**	0.101	0.494*	0.331	0.054 7*	0.158	0.052 4*	0.158
种植年限（对数）	0.426**	0.205	1.734***	0.526	0.047 6**	0.299	0.181**	0.406

（续）

变量	全体样本		4 亩以下		4~8 亩		8 亩以上	
	系数	标准误	系数	标准误	系数	标准误	系数	标准误
合作社	0.496*	0.262	1.631	1.354	0.429	0.368	0.382	0.394
信贷可获得性	0.652***	0.238	0.299	0.845	0.674**	0.342	0.168	0.357
栽培模式	0.351	0.343	0.645	0.914	1.194**	0.498	0.009	0.553
西瓜面积占比	-4.592***	1.192	-7.044*	4.115	-3.171**	1.591	-5.488**	2.444
培训	0.276	0.242	0.209	0.725	0.304	0.353	0.225	0.423
市场距离（对数）	-0.0952*	0.055	-0.082	0.431	-0.0835	0.0937	-0.129*	0.0755
同作	0.560*	0.326	0.879	0.833	-0.306	0.467	1.141**	0.551
常数项	8.868***	0.158	8.714***	0.399	10.00***	0.0022	8.356***	0.236
lnsig2v	-4.013***	0.167	-4.087***	0.342	-38.97**	298.1	-4.479***	0.346
lnsig2u	-2.446***	0.937	-4.261*	2.541	2.314	1.323	-4.263**	1.727
对数似然值	-227.016		-48.228		-68.750		-100.484	
P 值	0		0		0		0	
样本数	493		79		218		198	

注：***、**和*分别表示在1%、5%、10%的水平显著；地区1、地区2均以地区3位为参照。

本书由异质性随机前沿生产函数估计农户技术效率，并分不同规模组、不同地区、不同种植模式统计描述农户西瓜生产的技术效率值（表5-5），并且对不同的组别进行了 t 检验（表5-6），从中可以看出：

　　（1）全部样本的技术效率值平均技术效率值为 0.803，这表明产出导向的三个规模组瓜农平均生产效率为 80.3%，这说明平均 80.3% 的潜在产出可通过现有的生产要素组合来获得，意味着在现有不变生产要素投入和技术水平下，如果消除制约效率损失因素，有可能将产出提高 19.7%。

　　（2）农户经营规模与生产技术效率的关系不是简单的递增或递减关系，而是呈现倒 U 形效应关系，即小规模农户和大规模农户的技术效率低于中等经营规模农户的技术效率。表5-5 报告了中规模样本户的技术效率平均值为 83.0%，高于大规模样本户的平均值（77.2%）和小规模样本户的平均值（80.6%）。这与屈小博（2008）观点一致。将瓜农按 2015 年的实际经营面积分成三类，以 8 亩为划分标准，T 检验结果（t＝2.564，p＝0.005）表明被调查区域 8 亩以上种植规模瓜农的技术效率显著低于其他种植规模的瓜农；同时 t 检验结果（t＝－2.241，p＝0.008）也表明 4～8 亩西瓜种植规模农户的技术效率也显著高于其他种植规模瓜农的技术效率。同时这也符合规模经济效应是一个典型的倒 U 形效应（李谷成，2005）。所以经营规模并不是越大越好。农户西瓜生产经营需要劳动密集投入和精细化管理，超过一定经营规模后，会影响单位劳动力对瓜园的精细化管理程度，降低生产效率。

　　（3）农户生产技术效率存在显著的地区差异。以河南调查地区和非河南调查地区为划分标准，T 检验结果（t＝－2.269，p＝0.023）表明河南调查样本农户的西瓜种植技术效率显著高于其他区域农户的技术效率；以湖北调查地区和非湖北调查地区为划分标准，T 检验结果（t＝－13.839，p＝0.000）表明湖北调查样本农户的西瓜种植技术效率显著低于其他区域农户的技术效率；以山东调查地区和非山东调查地区为划分标准，T 检验结果（t＝－8.128，p＝0.000）表明山东调查样本农户的西瓜种植技术效率显著高于其他区域农户的技术效率（表5-6）。山东调查样本地区农户的技术效率均值最高，河南地区其次，湖北地区最低。在调研中发现湖北调查地区西瓜生产的病虫害比较严重，一部分农户因为病虫害造成产量减产严重；山东调查样本农户几乎全为设施种植，因病虫害导致产量减产的农户很少。

（4）不同种植模式的农户技术效率存在显著差异。T 检验结果（t＝－8.173，p＝0.000）表明设施种植农户的技术效率显著高于露地种植农户的技术效率。设施种植相对于露地种植能较好规避气候等自然灾害风险，产出更有保障。

表 5-5　不同规模、地区、种植模式农户西瓜生产技术效率

变量	均值	标准差	最小值	最大值
全体样本	0.803**	0.189	0.178	1
4 亩以下	0.806**	0.170	0.281	1
4～8 亩	0.830***	0.167	0.178	1
8 亩以上	0.772***	0.214	0.190	1
河南	0.846***	0.111	0.207	0.961
湖北	0.695***	0.177	0.178	0.935
山东	1.000***a	0.001	0.930	1
露地	0.733***	0.181	0.178	1
设施	0.886***	0.164	0.330	1

注：a 表示山东样本地区的均值为 0.999 97，四舍五入为 1；***、**和＊分别表示在 1%、5%、10%的水平显著。

表 5-6 农户技术效率差异性检验结果

变量	假设	t 值	p 值	是否拒绝原假设
地区 1	H0：diff=0；H1：diff<0	−2.269	0.012	拒绝
地区 2	H0：diff=0；H1：diff>0	−13.839	0.000	拒绝
地区 3	H0：diff=0；H1：diff<0	−8.128	0.000	拒绝
栽培模式	H0：diff=0；H1：diff<0	−8.173	0.000	拒绝
4 亩以下	H0：diff=0；H1：diff<0	−0.141	0.444	不拒绝
4～8 亩	H0：diff=0；H1：diff<0	−2.421	0.008	拒绝
8 亩以上	H0：diff=0；H1：diff>0	2.564	0.005	拒绝

5.4 不同规模农户生产技术效率影响因素估计

表 5-4 列出了不同规模农户技术效率影响因素的回归结果。估计结果表明：

户主受教育程度、种植年限变量在 1‰～10‰的水平上通过了显著性检验，在全体样本和三个规模组样本农户中影响方向均为正，教育水平提高对农户生产技术效率有显著正效应。基础教育水平的提高对技术效率具有"内部效应"和"外部效应"双重效应。从"内部效应"来看，教育水平的提高能增强农户运用农业技术的能力，还为应对外界变化，"干中学"适应新技术的适应性调整及掌握先进农业技术奠定良好基础。从"外部效应"来看，基础教育作为一种准公共品，受益者还可以起到示范带动作用，激励更多的人力资本投资，具有强的正外部性，通过正的外溢作用促进周围整体技术效率的改善。

技术培训代表的非正规教育对技术有正效应，但在本模型结果中不显著。技术培训作为人力资本的重要内容，理论上同样存在着 Lucas（1988）区分的"内部效应"和"外部效应"，本文的模型结果显示其影响为正，但不显著。但另一个与此相关的人力资本变量，西瓜种植年限有显著的正向效应，这似乎是专门的技术培训对农户西瓜技术效率的提高作用不显著，而农户的自我学习，自我摸索，经验积累对技术效率作用显著。在调研中有农户反应当地的一些培训重形式轻内容，重理论轻操作，培训内容个性化适应性不强，而农业技术的扩散必须经过适合于当地资源环境禀赋的适应性改良调整才能起到显著积极作用。不少被调查农户表示更相信自己的经验积累与向周边农户的学习，从全体样本农户的平均种植年限为14.73年可见农户在西瓜种植经验积累的丰富性。

农户家庭人口规模变量在全体样本户和三个规模组农户中系数为正，但均不显著。西瓜生产的劳作辛苦，调查结果显示，农户家庭大多为年纪大夫妻两人从事西瓜生产，家里的年轻人更愿意外出打工。家庭人口规模大并不意味着参与西瓜生产的劳动力数量大；常年在家务农劳动力人数量变量系数在全体样本户和三个规模组中显著为正，且劳动力产出弹性高于资本产出弹性，劳动力的有效投入对劳动密集型农产品生产有效产出非常关键。

瓜菜合作组织或协会变量对农户生产技术效率在全体样本模型中影响显著，但在三个规模组模型中不显著。说明瓜菜合作组织对农户生产技术效率起到一定的作用，但是农户参合率不高导致其对技术效率的影响还很微弱。该变量值只有0.262，参加瓜菜合作社的农户不到样本总数的1/3。分散到各规模组的比例可能更低。

资金信贷约束变量在全体样本、中规模组样本通过显著性检验，且系数为正。说明资金可获得性会影响农户生产技术效率。西瓜生产，尤其是设施种植模式，所需投资大，能借贷到生产投资所用资金的农户，更能保证西瓜生长环节中所需要素的及时足量投入。大规模的专业种植户比较容易获得信贷支持，有利于规模经济效应的获得，但有可能导致精耕细作优势的丧失，若该效率的损失超过了规模效率的收益，则总效率会下降。调研中农户的资金借贷大多是通过亲缘关系借贷，从农村正规金融机构获得资金支持的比例很小。目前农村信贷市场还不完善，促进农村信贷市场的完善有可能提高农户农业生产效率。

栽培模式变量在全体样本和三个规模组样本农户的系数均为正，说明设施栽培模式对提高农户西瓜生产效率具有积极作用。但仅在 4～8 亩的中规模组样本农户中显著，这是因为调查样本中设施种植农户的大多集中在中规模组。设施栽培的种植大棚、农膜等投资是一种专用性实物资产投资，专用性实物资产投资会提高生产效率（罗比良，2008）。另外一个与栽培模式相关的变量是否间作（套种）变量在全体样本和三个规模组样本农户的影响方向均为正，但仅对全体样本和大规模样本农户作用显著。间作[1]在过去被视为农民在生计安全和经济效率之间加以权衡的典型案例。间作除了能带来产量保证，还有其他很多优点，比如由于不同作物需要的空间和养分有别，间作可以充分利用阳光、水和土壤养分；由于病虫和疾病不易在不同作物间传播，所以间作降低农作物病虫害；至少在农民生产要素有限的情况下，间作能够增产。在此处，间作变量仅对全体样本和大规模样本农户显著，与样本农户中实行间作的分布有关。采用间作的大多是那些经营规模较大的农户，中规模组样本中户采用设施栽培的比例较高，而采用设施栽培模式的农户大多没有采用间作。

西瓜种植面积占家庭经营总面积的比重变量在全体样本和中、大规模组样本农户的系数均为负且显著。西瓜生产是劳动密集型和技术密集型生产活动，一个家庭在人力和物力一定的情况下，西瓜经营面积越大，能投入到单位面积西瓜生产的劳动力和

---

① 间作是指在同一块田地上同时种植几种作物，通常是 2～5 种。

物质资本越小。因此呈现出负面效应。

市场距离变量在全体样本农户和大规模农户样本中通过了10％的显著水平检验，系数为负，其他两个规模组样本没有通过显著性检验，系数也为负。市场距离反映了农户对市场信息和农资等市场要素的可获取性。距离市场（批发市场）越远对农户技术效率有负向效应，但在三个规模组样本中仅对大规模样本农户影响显著，有可能是因为小、中规模农户大多会就近在村内的小农资店购买生产所用农资，而大规模农户所需的农资量大，且在品质等方便要求较高，会更多的选择距离较远的批发市场而不是较近的村内小农资店。

5.5　本章小结

本章基于河南、湖北、山东三省西瓜主产区农户调查数据，通过建立 C-D 生产函数形式的异质性随机前沿生产函数模型，估计了不同经营规模、不同地区、不同种植模式农户生产技术效率及分布，并对不同规模、不同地区、不同种植模式农户的技术效率进行差异性检验。进一步对影响农户生产技术效率的外生变量进行深入分析，从投入产出技术关系角度实证分析了农户西瓜生产行为。研究结论如下：

（1）经营规模与农户生产技术效率呈现"倒 U 形"效应，小规模农户和大规模农户的技术效率低于中等经营规模农户。全体样本户生产技术效率平均值为 80.3％。由于西瓜等经济作物兼有劳动密集型和技术密集型属性，适度规模经营是提高生产经营效率的有效途径之一，但盲目扩大经营规模，并不能带来生产效率的提高。根据区域条件和农作物品种特性，鼓励农户寻求一定区域范围内的适度规模。

（2）在三组经营规模样本中，教育、种植经验、务农劳动力人数对农户生产经营的技术效率有显著正向效应。西瓜经营面积占家庭经营面积比重变量对农户生产技术效率有显著抑制作用。家庭人口规模、农民合作组织、户主年龄等因素对三个规模组样本农户的生产技术效率在统计上影响均不显著。信贷可获得性、栽培模式、市场距离对不同规模组样本农户的影响存在差异：信贷可获得对提升中等规模农户生产效率有显著影响。市场距离对大规模组样本农户的生产效率有显著抑制影响。因此，可通过加强农户人力资本投资，通过干中学加强新型农业技术的推广和普及，提高农户受教育水平和农业实用技术培训及农业科技信息和科技成果的推广与普及，以及进一步完善农村基础设施建设和促进农村金融市场发育，降低农户对市场信息和农资等要素的获取成本，提高农户信贷的可获得性等途径来提高农户生产效率。

（3）农户生产技术效率存在显著的地区差异。山东样本农户的西瓜种植技术效率显著高于其他区域农户的技术效率，河南样本农户的其次，湖北样本农户的最低；不同生产模式的农户技术效率存在显著差异，设施种植农户的技术效率显著高于露地种植农户的技术效率。采用设施栽培模式能显著提升中等规模组样本农户的生产技术效率。采用间作生产模式能显著提高大规模组样本农户的生产效率。因此，可通过调整种植模式提高农户生产技术效率。制定政策时要注意地域差异性、农户差异性，例如针对露地种植农户可鼓励推广间作套种模式，鼓励农户由大片单一露地栽培模式可向间作栽培模式转变；对于适合设施种植，有条件的地区给予农户一定的设施建设补贴，鼓励扩大设施种植规模，减少露地种植规模。

由于数据样本量和样本采集分布的限制，同时实证研究所用数据为截面数据，没法对生产率与技术进步进行动态分析，所得结论可能地域性特色较强，其结论能否用到其他劳动密集型产业需要进一步加入产业属性进行对比研究。

第六章　农户销售行为及其影响因素分析

　　小农作为分散的生产者，无论是自愿还是被迫卷入市场风浪之中，独自面对市场，处于整个市场链条的最低端，是最不堪风浪袭击的群体。当前我国从事农业生产经营的主体还是以弱小的农户为主，小农户与大市场之间的矛盾日益突出。农产品供过于求与结构性短缺、价格波动频繁剧烈等问题已经成为制约农民收入稳定增长及现代农业发展的最大障碍。尤其是从事专业化、市场化生产的农户，竞争环境面临着更高的流通约束。对生产高价值农产品的农户来说，只有通过市场销售才能实现经营目标。农产品销售行为是农户市场行为中最突出的行为特征。本章主要以交易成本理论为基础，应用计量经济分析方法，从不同规模视角深入分析农户在西瓜销售、流通环节的行为特征及其影响因素，以获取促进农户农产品销售，降低农户销售交易成本的政策建议。

6.1　农户市场信息获取行为

　　农业市场信息的有效流动是促进农户决策优化的前提条件。信息不对称问题是农户进入市场时普遍面临的问题，市场主体因信息渠道差异、信息量的多寡、信息质量高低等差异而承担不同的风险。在市场竞争日趋激烈的背景下，提高农业竞争力，增加农民收入，首先应将解决"农业市场信息如何真正进入农户"作为突破口。国内已有关于农户市场信息获取来源及信息质量的研究，但没有对西瓜农户销售信息获取行为的研究。本节以河南、山东、湖北西瓜产业为例，对农户西瓜销售信息来源及其可靠性，销售信息来源和农户特征的关系进行实证分析，以揭示西瓜种植户市场信息获取行为规律。

6.1.1 农户销售信息获取行为基本特征

6.1.1.1 信息获取来源多样

目前，西瓜主产区样本农户主要通过8种西瓜销售信息来源途径来了解市西瓜需求及价格变化等市场信息。被调查农户主要从村内市场获取西瓜销售信息（本地市场打听55.2%）、从其他西瓜种植户或亲戚朋友（37.0%）、农民经纪人或上门收购的商贩（44.4%）、瓜菜协会/合作组织（15.2%）。部分农民通过现代化的信息手段获取西瓜销售信息，被调查农户中分别有8.8%、4.6%、4.6%、10.4%的农户通过电视、广播、手机短信定制、互联网获取西瓜销售及价格信息（表6-1）。调查发现山东被调查地区，农民经纪人与农户、购买商等建有微信群，随时更新购销价格等信息。可见农户也会利用快捷的现代化信息获取手段，提高信息获取效率。作者在调查问卷中设计了政府部门、公司/基地选项，但在问卷统计结果中，这两类途径均未有农户选择，说明在西瓜市场信息供给上政府和企业均表现不佳。总体上来看，农户信息获取来源多元化趋势明显，但目前市场信息仍是零碎、分散、片段的市场信息，不成系统，没有深度，对市场的预测作用不大，对帮助农户顺利销售农产品的作用还有待提高。

表 6-1 不同规模农户市场信息获取途径

途径	4 亩以下农户		4～8 亩		8 亩以上		全体样本	
	频数	百分比（%）	频数	百分比（%）	频数	百分比（%）	频数	百分比（%）
本地市场打听	46	58.23	117	53.18	113	56.22	276	55.20
其他种植户或亲戚	31	39.24	81	36.82	73	36.32	185	37.00
电视	8	10.13	18	8.18	18	8.96	44	8.80
广播	2	2.53	10	4.55	11	5.47	23	4.60
手段短信定制	1	1.27	13	5.91	9	4.48	23	4.60
互联网	4	5.06	21	9.55	27	13.43	52	10.40
商贩、经纪人	27	34.18	102	46.36	93	46.27	222	44.40
协会或合作社	7	8.86	38	17.27	31	15.42	76	15.20

资料来源：笔者依据调研整理所得。

6.1.1.2 信息获取来源趋同且主要局限于本地市场

从全体样本来看，通过本地市场打听、同村其他西瓜种植户或亲戚朋友、本地商贩、农民经纪人是西瓜销售信息获取的主要来源，这些来源基本限于村内。从不同规模农户来看，仍然表现出信息获取来源主要局限于本地市场的特点，三类规模农户选择去本地市场打听的比率比较接近，均在 53% 以上；小规模农户信息获取途径选择比例排序第二高的是同其他西瓜种植户或亲戚朋友交流，该种途径在中规模和大规模农户中的选择比例排在第三位。小规模、中规模和大规模农户中选择通过本地商贩或农民经纪人的占比分别为 34.18%、46.36%、46.27%，可见中规模和大规模农户更加依赖于商贩或经纪人。原因是本地市场容量有限，较大规模农户的销售量大，商贩或经纪人可能与外地市场联系更紧密，能帮助销售大批量的西瓜。

除了以本地市场的信息来源为主外，农户也运用现代化信息获取方式获取西瓜市场信息，现代化的信息获取手段不仅可以快捷地获取本地市场信息，而且能较方便地获取本地市场以外的信息。小规模、中规模和大规模农户中选择通过互联网获取信息的比重分别为 5.06％、9.55％、13.43％，规模越大，通过互联网获取信息的比重越高。中规模和大规模农户通过广播、手机短信定制获取信息的也较小规模高，较大规模农户相较于小规模农户在利用现代化手段获取市场信息的热情更高。一方面，较大规模农户在利用现代化信息获取手段的能力较高（如大规模农户户主平均受教育年限比小规模的高一年多），另一方面种植规模越大的农户，西瓜产量越高，销售压力越大，本地市场信息的局限性及本地西瓜市场容量的有限性，需要大规模农户去利用现代化的信息获取手段，获取邻近县区或是更远地区乃至全国西瓜市场行情，寻求外地市场的潜在购买者或外地供需价格行情。

目前农户信息获取主要局限于本地信息来源，随着专业程度、市场化程度的提高以及现代化信息基础设施建设的完善，未来农户，尤其是规模化、专业化的高价值农产品生产者运用现代化信息手段了解市场信息的比例将增加，且利用程度将提升。

6.1.1.3 所获信息质量差异性大

农户从本地市场获得的信息质量较高，不同规模农户对不同渠道市场信息的认可度存在较大差异。全体样本农户中有 46.06％的农户认为去本地市场打听的西瓜销售信息可靠，该方式被认为是最可靠的。从不同规模来看，规模越小的农户对本地市场信息的认可度越高，小规模、中规模、大规模农户中认为本地市场获取信息可靠的比例分别为 70.49％、44.09％、39.53％。对农户而言，本地市场的价格对当地农户来说是可以直接销售的价格，能销售的价格才是真正的市场价格。西瓜商贩和农民经纪人提供的信息被认为是第二位可靠的市场信息，全体样本中的选择比例为 30.31％。这一结果主要源于农户与农民经纪人和本地商贩有密切的亲缘关系和地缘关系。农户经营规模的增加对通过经纪人获取信息的认可度越高，小规模、中规模、大规模农户中对来自西瓜商贩和农民经纪人来源的信息认可比例分别为 11.48％、29.03％、38.37％。西瓜市场价值的实现是农户维持或扩大再生产的前提条件。在市场不完全的情况下，加之于西瓜不耐储藏特性需要及时出售，在收购期西瓜价格波动频繁，农民经纪人和商贩对西瓜销售信息的更新比较及时，且他们提供的销售信息来源中有大批量买家需求信息，也是基于这个原因，有较大产量销售需求的较大经营规模农户对能提供大批量销售信息的渠道认可度更高。

传统媒介提供的西瓜销售信息质量极低。被调查农户中分别有 8.8％、4.6％的农户通过电视、广播获取西瓜销售信息，但多数农户认为电视、广播渠道获得的西瓜销售信息不可靠。这些媒介大多由政府主导，政府提供的农业市场信息滞后，且缺乏对市场信息的分析和预测，服务意识和能力不足，服务职能欠佳。

从互联网获取的西瓜销售信息对农户而言同样质量不高。全部样本中有 10.40％的农户通过互联网获取市场销售信息，但仅有 2.63％的农户认为其来源信息可靠。被调查的小规模、中规模、大规模农户分别有 5.06％、9.55％、13.43％的农户从互联网获取外地西瓜市场销售信息，但分别只有 0％、4.35％、1.74％的农户认为从互联网获取的信息可靠。原因是同一时点上外地市场西瓜供求变化情况与本地市场西瓜市场的供求变化情况并非一致，若本地西瓜要销售到外地，需要一些中间环节及时间滞后。目前农户文化水平整体较低，单个农户对市场信息的分析、预测能力有限，加上西瓜市场价格波动频繁，农户对销售情况的分析常与实际情况相差较大。

表 6-2 不同规模农户对市场信息来源可靠度评价

来源类型	4 亩以下农户		4~8 亩		8 亩以上		全体	
	频数	百分比（%）	频数	百分比（%）	频数	百分比（%）	频数	百分比（%）
本地市场打听	43	70.49	82	44.09	68	39.53	193	46.06
其他种植户或亲戚	11	18.03	24	12.9	26	15.12	61	14.56
电视	0	—	4	2.15	3	1.74	7	1.67
广播	0	—	8	4.3	3	1.74	11	2.63
手段短信定制	7	11.48	54	29.03	66	38.37	127	30.31
互联网	0	—	12	6.45	3	1.74	15	3.58
政府部门	0	—	2	1.08	3	1.74	5	1.19
合计	61	100	186	100	172	100	419	100

信息供应商对西瓜销售信息分析和预测不足及市场信息发布滞后。全体样本农户中有 4.6％的瓜农通过手机短信定制获取西瓜市场销售信息，但仅有 1.67％的农户认为该渠道的西瓜销售信息可靠。不同规模农户对此方式的认可度也存在差异，小规模农户极少通过此方式获取西瓜销售信息，中规模、大规模农户通过此方式获取西瓜销售信息的比例分别为 5.91％、4.48％，但其对应的可靠度认同比例为 2.15％、1.47％，中等规模农户对信息供应商发布的信息认可度相对较高。

值得说明的是，在农户信息获取来源选项的统计结果中未出现"政府部门"，但在农户信息来源可靠性的选择中，中规模和大规模农户中有 5 个农民选择了该途径。说明农户对政府西瓜市场信息供给有需求，但政府在提供西瓜市场信息供给方面缺位。

6.1.2 农户特征与销售信息来源分析

农户销售信息获取行为与农户特征可能存在显著的相关关

系，为了验证拥有不同特征农户的销售信息获取行为是否存在显著差异。本节首先将农户获取市场信息来源是否单一作为二分类被解释变量与农户特征变量进行回归，之后再对农户特征变量进行列联表（Crosstabs）卡方检验，以验证这种差异的存在性。

农户特征变量包括地区、教育水平、规模类型、是否加入合作社、栽培方式、户主年龄（取对数）、西瓜种植年限（取对数）、户主社会经历，将这些变量作为控制变量。数据来源及变量说明见第一章 1.5 节。模型采用二元 Logit 模型。被解释变量为农户信息来源多样性与否（销售信息来源多样＝1，销售信息来源单一＝0）。模型回归结果见表 6-3，模型的稳健标准误（表格省略未列出）与普通标准误非常接近，说明模型设定无误。在本节只是关注农户特征变量与销售新来源渠道的显著性及方向，因此回归结果只报告了系数，没有报告几率比（odds ratio）。

表 6-3　农户销售信息获取行为回归结果

变量	系数	标准误
栽培方式	0.118	0.329
地区 2	1.620***	0.322
地区 3	−1.034**	0.486
教育 2	0.312	0.313
教育 3	0.294	0.373
规模 2	0.890**	0.376
规模 3	0.518	0.392
合作社	0.949***	0.298
户主年龄（对数）	0.928	0.733
种植年限（对数）	−0.791***	0.268
社会经历	0.429	0.434
常数项	−3.372	2.8

（续）

变量	系数	标准误
Pseudo R^2	0.293	
χ^2	161.46	
Log likelihood	−194.64	

注：**、***分别表示5%、1%显著性水平检验通过。户主教育水平包括两个虚拟变量：教育水平2（初中＝1；小学及以下＝0）、教育水平3（高中/中专/职高及以上＝1；小学及以下＝0）。地区虚拟变量包括2个虚拟变量：地区虚拟变量2（地区2＝1，地区1＝0）、地区变量3（地区3＝1，地区1＝0）。

根据 Logit 模型估计结果，在影响农户信息渠道获取多样化与否行为因素中，地区变量、规模类型变量、是否加入合作社、西瓜种植年限都在1%或5%的水平上显著。地区变量对农户信息获取渠道有显著影响。地区2和地区3变量系数均显著，说明湖北和山东地区被调查农户相对于河南被调查农户的销售信息来源多渠道与否存在显著差异。规模类型变量对农户信息获取渠道有显著正向影响，中规模农户相对于小规模农户对信息获取渠道多元选择有显著正向影响，而大规模农户相对于小规模农户差异不显著。是否参与合作社变量在1%的水平上显著为正，表明加入合作社的农户采取多元化渠道获取销售信息的可能性更高。

通过 Logit 计量模型得出了农户特征变量与农户市场信息来源渠道是否单一存在显著差异。为了进一步验证这些差异，本书接着分别将农户特征变量与农户市场信息来源渠道是否单一变量进行列联表（Crosstabs）卡方检验，检验结果见表6-4、表6-5、表6-6。针对西瓜种植户受教育程度与农户市场信息来源渠道，卡方检验结果为 χ^2＝9.514，显著性概率为0.008＜0.05，说明不同教育水平瓜农的销售信息来源是否多样存在显著差异。小学及以下、初中、高中及以上被调查西瓜种植户分别有35%、

47%、75%的农户西瓜信息获取来源多样，表明受教育程度与农户西瓜销售信息获取来源与否存在正向相关关系，这与计量模型结果一致。原因主要是：1）被调查农户受教育程度越高的农户经营的西瓜规模越大（表6-4），越有动力重视多渠道获取西瓜销售信息，不同渠道信息的对比可以降低因为信息不完全或失真导致的收益损失。2）教育水平越高的农户获取信息和甄别信息的能力越强，例如小学及以下、初中、高中及以上被调查西瓜种植户分别有 8.67%、9.69%、13.82%通过互联网了解西瓜市场行情。

表6-4　西瓜种植户销售信息获取渠道与教育水平差异

信息获取特征	西瓜种植户主受教育程度			
	小学及以下	初中	高中及以上	合计
信息获取来源单一	92（64.79%）	114（53.02%）	52（64.2%）	258
信息获取来源多样	50（35.21%）	101（46.98%）	61（75.31%）	212
合计	142	215	81	470

注：pearson chi2（2）＝9.514，Pr＝0.009；括号内为占该类型样本户的百分比。

针对地区差异，列联表检验结果为$\chi^2 = 126.13$，显著性概率为 0.000，说明农户西瓜销售信息来源多样与否存在地区差异，这与计量回归结论一致。与其他种植户样本种植地区相比，湖北调查地区销售信息获取来源多元化种植户所占比重最高，为73.53%，远高于河南和山东调查地区（河南和山东的比重分别为 33.06%、15.17%）。这个结果似乎与直觉不相符，河南和山东是西瓜大省，山东调查地区西瓜市场发育发育程度相对于比湖北和河南的调研地区的市场发育程度要高，西瓜专业化远高于这两个调查地区，这似乎看来是产业越发达的地区农户西瓜销售信息获取来源反而越单一。这很可能与产业的市场发育度和专业集聚度有很大的关系，山东调研地区西瓜产业发展专业化程度高，专业化、集聚化的生产模式使得西瓜不愁销路，已经形成了比较稳定给的销售渠道，已不需要其他多元化销售信息来拓展销路或进行信息对比辨别。这从表 6-11 不同调查地区的销售渠道种类数的统计结果也可印证，山东被调查地区 97.39％的农户通过一种销售渠道，仅有 2.61％的农户有 2 种销售渠道，湖北被调查农户中仅有 54.13％的农户通过一种销售渠道，有的农户多达 5 类销售渠道，河南的被调查农户中有 82.95％的农户通过一种销售渠道。可见西瓜生产专业化程度越高、聚集度越集中的地区，农户在市场信息的有效性和销售渠道的稳定性上更有保障，农户市场交易成本越低。另外，与种植经验变量对销售信息获取渠道变量的影响显著为负相呼应，种植经验越丰富，其销售信息的获取渠道也趋向单一化，种植经验的积累也意味着销售信息获取、甄别等经验的积累。

从不同地区农户销售信息渠道多寡的对比分析中，发现农户销售信息获取的多寡与产业的集聚度、专业化程度密切相关，也跟特定产业的发展阶段密接相关。例如，山东被调查农户在销售信息和销售渠道上单一化趋势的形成，经历了由初始的寻求多元化到单一化的转变过程，该地区西瓜产业发展的初始阶段，农户需要从多来源获取销售信息，寻找多元化的销售渠道，随着该产业发展壮大，产业的专业化、集聚度的提升，外部规模经济效应开始出现，农户从整个西瓜产业规模的扩大中获得更多的知识积累，也即"干中学"（learning by doing）效应出现，随着相关生产销售知识的积累，农户的销售信息来源和销售渠道逐渐由多元向单一转变。农户从多元化的信息获取行为到趋于单一的信息获取行为的转变，也是农户在干中学和外部规模经济的共同作用下，逐步学会在多元信息中去伪存真、去粗取精，逐步形成自己稳定信息来源、提高信息质量和有效性、降低信息搜寻成本等交易成本的过程。

表 6-5　西瓜种植户销售信息获取渠道的地区差异

信息获取特征	河南	湖北	山东	合计
信息获取来源单一	81（66.94%）	54（26.47%）	123（84.83%）	258
信息获取来源多样	40（33.06%）	150（73.53%）	22（15.17%）	212
合计	121	204	145	470

注：pearson chi2（2）＝126.13，Pr＝0.000；括号内为占该类型样本户的百分比。

　　西瓜种植户是否参加瓜菜协会或合作社，检验结果为χ^2＝48.399，显著性概率为0.000，说明协会或合作社成员与非成员在西瓜市场信息获取来源多样性与否上有差异显著。瓜菜合作社成员、非成员中获取销售信息来源多样的农户分别为40.93%、35.64%，表明是否是协会或合作社成员与农户西瓜销售信息获取来源多样与否存在正相关关系。可能原因是瓜菜协会或合作社成员相对于非成员对市场销售信息的获取更加重视，加入合作社本身相对于没有加入的成员多了一种市场信息获取的渠道，目前有部分瓜菜协会或合作社已开始涉及西瓜流通环节，能为加入成员提供初级市场信息服务业务。

表 6-6　西瓜种植户销售信息获取渠道与是否参加合作社

信息获取特征	非成员	成员	合计
信息获取来源单一	186（64.36%）	32（14.88%）	258
信息获取来源多样	103（35.64%）	88（40.93%）	212
合计	289	120	470

注：pearson chi2（2）＝48.399，Pr＝0.000；括号内为占该类型样本户的百分比。

6.2　农户销售途径选择行为

　　农户以不同的市场交易模式（如经纪人、批发商、龙头企业、农民专业合作社、农村专业技术协会、大农场等）参与农产品流通，不仅对农户的经济效益和社会效益产生不同影响，而且对农产品流通现代化道路的实现产生影响。因此本节从农产品流通的主体（农户）和流通运行的角度把农户进入市场的途径界定为农产品流通的模式。

6.2.1 不同规模农户销售渠道选择行为

从第三章中对农产品市场流通结构的介绍中可见，现代农产品市场结构呈现多层次、多样化特征。随着农业市场化的加深，农户对农产品市场体系和市场信号变化的反应程度也在加强。以市场为导向的高价值农产品经营的农产品销售的突出特征之一就是销售方式和销售途径的多样化。农户在参与市场时，在不同市场结构和营销途径中选择适合自身销售的途径或组合，以求实现其产品市场价值的最大化。

本节基于河南、山东、湖北三省西瓜主产区（县）调查数据，对目前不同规模西瓜农户的销售模式进行统计分析。关于农户农产品销售行为的有效样本为 500 户，其中，4 亩以下样本户 79 户，4～8 亩样本户 220 户，8 亩以上样本户 201 户，具体调查情况介绍和样本分布见第一章第 1.5 节。表 6-7 反映了不同规模农户对现有市场销售途径的选择偏好情况。

目前农户西瓜销售以"农户＋消费者"的直接流通模式、"农户经纪人＋市场"的贩运型流通模式等传统流通模式为主，现代互联网的农产品电子商务销售模式在大城市近郊开始出现。具体销售模式选择情况如下：

（1）"农民经纪人＋市场"的贩运型流通模式为农户西瓜销售的最主要途径，在全体样本农户中选项占比为 49.4％，位列第一位。从不同规模来看，小规模农户（4 亩以下）、中规模农户（4～8 亩）和较大规模农户（8 亩以上）选择通过经纪人销售的比例分别为 36.71％、51.36％和 52.24％，可见随着农户规模的增大，对通过经纪人销售这一途径销售的比例越高。这与农民经纪人缘于地缘和亲缘优势有很大的关系。

（2）通过商贩销售在全体样本中的比例位列第二，小规模、中规模、大规模农户选择此种方式的比例依次为 34.18％、28.18％、40.30％。在三种不同规模农户的选择比例排位中均靠前。可见通过商贩的销售模式在西瓜销售中占有重要地位。

（3）"农户市场"的直接流通模式在全体样本中占比 25.8％，排列第三位。小规模、中规模、大规模农户选择此种方式的比例依次为 41.77％、22.73％、22.89％。该方式是小规模农户最主要的销售方式，是中规模和大规模瓜农占比第三高的销售方式。

（4）"农户＋批发商＋市场"的批发市场集散模式在全体样本中占 17.4％，排第四位，小规模、中规模、大规模农户选择此种方式的比例依次为 13.92％、20％、15.92％，其在所有规模组中均排位第四。

（5）"农户＋合作经济组织＋市场"的合作经济主导流通模式在全体样本中仅占 9.4％，小、中、大规模农户选择此种流通模式的比例分别为 7.59％、12.27％、7.46％。中规模农户选择此模式的比例相对较高，小规模和大规模农户的选择比例比较接近。目前农民合作经济组织虽然发展很快，但大多注重生产资料的统购、生产技术指导等产前、产中环节，对产后的销售环节关注不多。同时一些合作社受自身能力的限制，市场销售运营能力弱，对大规模大批量西瓜销售的运营组织能力有限，而小规模农户因为销售总量不大，更倾向于选择自己直接去市场销售，获取更高的价格和收益。

（6）政府果业局等政府渠道。这种模式选择极低，仅占 0.6％。政府等相关部门对西瓜销售方面的支持很少，政府几乎处于完全不管的状态。调查结果中仅有的几个农民参与了此模式，具体为将少量绿色礼品瓜直销到政府、事业单位部门。

（7）公司＋农户。该模式的选择比为0%。调查样本地区还未出现公司涉足西瓜销售的情况。这与西瓜不耐储藏、消费季节性强、不易加工等特性有很大的关系。

不同销售模式各具优缺点。"农户市场"的直接流通模式，农户可直接出售农产品给最终消费者，减少中间环节，有可能获得较高的价格，但需要支付高昂的信息搜寻成本和执行成本。农户选择运销商、经纪人等中介销售农产品主要源于节约交易成本。交易成本是现代农产市场交易分工的根本原因。

表 6-7　不同规模农户对现有销售途径的选择偏好

销售渠道	全体样本		4 亩以下		4～8 亩		8 亩以上	
	频数	百分比（％）	频数	百分比（％）	频数	百分比（％）	频数	百分比（％）
自己到农贸市场、田头街头销售	129	25.8	33	41.77	50	22.73	46	22.89
水果批发市场	87	17.4	11	13.92	44	20	32	15.92
收购、运销商贩	170	34	27	34.18	62	28.18	81	40.3
通过互联网	4	0.8	0	0	3	1.36	1	0.5
通过经纪人	247	49.4	29	36.71	113	51.36	105	52.24
协会或合作社途径	47	9.4	6	7.59	27	12.27	15	7.46
政府果业局等政府渠道	3	0.6	0	0	1	0.45	2	1
公司＋农户形式	0	0	0	0	0	0	0	0

资料来源：笔者调研整理所得。

从表 6-8 可见，不同规模农户在销售渠道选择上既有趋同性又有差异性，三组不同规模农户的绝大多数（74％以上）均选择一种销售渠道，少部分农户选择多元化渠道。总体上看，规模越大的农户选择多元化销售渠道的倾向越明显。

表 6-8　不同规模农户西瓜销售渠道种类数量

销售途径种类数	总样本		4 亩以下		4～8 亩		8 亩以上	
	频数	百分比（%）	频数	百分比（%）	频数	百分比（%）	频数	百分比（%）
1	373	74.6	61	77.22	163	74.09	150	74.63
2	82	16.4	11	13.92	42	19.09	29	14.43
3	23	4.6	5	6.33	5	2.27	13	6.47
4	15	3	2	2.53	8	3.64	5	2.49
5	6	1.2	0	0	2	0.91	4	1.99
种类数均值	1.406		1.342		1.382		1.428	

6.2.2　不同地区农户销售渠道选择行为

从表 6-9 和表 6-10 可见，不同地区销售渠道选择差异性较大。河南调查地区农户选择比例最高的是通过水果批发市场（41.09%），其次是通过商贩销售，占 28.68%。湖北调查地区农户通过收购、运销商贩销售西瓜比例最高，占 60.55%，其次是农户自己直接进入市场销售，占 47.71%，通过经纪人销售的比例达 29.36%。湖北调查农户的销售渠道种类数最多，注重多种销售渠道的组合利用；山东调查地区 96.73% 的农户通过经纪人销售西瓜，销售渠道单一，仅有 2.61% 的农户选择两种销售渠道。可见，西瓜生产专业化、集聚化程度越高的地区，农户销售渠道种类数越少，销售渠道越单一，销售渠道越稳定。农户销售渠道多寡的选择和产业发育程度密切相关。另外，从不同种植模式来看，露地栽培西瓜的销售渠道种类数为 1～2 种的占 89.24%，设施栽培西瓜的销售渠道种类数为 1～2 种的占 92.77%。设施栽培的渠道数量较露地种植较少，设施种植的西瓜销售渠道比较稳定。

表 6-9　不同地区农户西瓜销售渠道选择情况

单位：%

销售渠道	河南	湖北	山东
自己到农贸市场、田头街头销售	17.83	47.71	1.31
水果批发市场	41.09	15.60	0.00
收购、运销商贩	28.68	60.55	0.65
通过互联网	0.00	1.38	0.65
通过经纪人	27.13	29.36	96.73
协会或合作社途径	0.78	19.27	2.61
政府果业局等政府渠道	0.00	0.92	0.65
公司＋农户形式	0.00	0.00	0.00

表 6-10　不同地区农户西瓜销售渠道种类数

销售途径种类数	总样本		河南		湖北		山东	
	频数	百分比（％）	频数	百分比（％）	频数	百分比（％）	频数	百分比（％）
1	373	74.6	107	82.95	118	54.13	149	97.39
2	82	16.4	21	16.28	57	26.15	4	2.61
3	23	4.6	1	0.78	22	10.09	0	0
4	15	3	0	0	15	6.88	0	0
5	6	1.2	0	0	6	2.75	0	0
种类数均值	1.406		1.178 2		1.779 8		1.026 1	

　　不同地区农户销售渠道存在差异，不同渠道的销售价格也存在差异。我们从不同地区西瓜销售价格的均价对比来看，河南、湖北、山东调查地区的每千克西瓜销售均价依次为 1.356 元（标准差 1.24）、1.810 元（标准差 1.124）、2.512 元（标准差

0.648)。山东调研地区的农户西瓜销售均价最高,且不同农户之间的售价差异最小;河南省调查地区农户的销售价格最低,且农户之间的差异最大;湖北省样本农户的平均销售单价介于二者之间,波动幅度也介于二者之间。我们大致可推断不同销售模式之间的差异,当然销售单价的差异还与其他因素有关系,不只是因销售模式的差异导致。

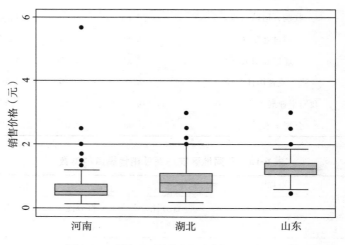

图 6-1　不同地区农户西瓜销售价格分布

6.3　交易成本对农户销售行为的影响

新制度经济学认为,交易成本是导致现代产品市场交易分工日益细化的根本原因,每一个流通环节和流通途径都有相应的专业化组织与分工,这些都产生于专业化分工提高交易效率与交易成本均衡的结果。农户高价值农产品生产的目的就是进入市场获取收益,高价值农产品进入市场必然要受到交易成本的影响。农户参与市场交易成本的大小决定了农户参与市场的具体模式。因此，对研究农户的销售行为，交易成本理论是一个很好的理论分析工具。而像西瓜这类生产周期短、见效快，且现代设施栽培技术的发展使得其生产调整速度远高于苹果等多年生作物，其生产者的市场销售行为必定与多年生作物种植者的行为有较大的差异，其交易成本对瓜农销售方式选择的影响亦不同。因此，本节以西瓜农户为例，通过建立带罚函数的二项 Logistic 模型，来分析不同类型的交易成本对农户西瓜销售方式选择的影响。

6.3.1 农产品销售方式的界定

农产品销售方式是连接农产品生产与消费的桥梁和纽带，指农产品及相关服务通过一系列相互依存的组织或个人从生产领域转移到消费领域的途径、过程及相互关系（齐文娥等，2009）。结合研究范畴，本研究将涉及的几种主要销售方式归为以下两类：

自行交易方式。主要包括：①"农户＋消费者"。农户通过零售市场或者在田头或沿街贩卖给个体消费者。交易双方在事前没有约定时间、地点和交易价格等条件的随机的、一次性交易。②农户＋城镇批发市场。农户自己将农产品运输到乡（镇）或县城的农贸市场、农产品批发市场，再把农产品销售给批发商。③农户＋企事业单位。农户将农产品直接销售到政府、学校等企事业单位。在自行交易方式下，农户虽可直接出售农产品给消费者，获取较高的价格，但不确定性较大，单次销售量较小，需要支付高昂的搜寻成本和执行成本。

通过中间商销售方式。这种方式指农户通过商贩、合作社、经纪人等服务组织和中间商出售农产品，通常是大批量、一次性销售完农产品。所以，其销售价格一般比"农户＋消费者"的低。相比零散的纯粹市场交易而言，农户与中间商之间的关系更加稳固，农户可以获取专业化流通中介组织与农户间互利性契约安排的好处，使不确定性、有限理性、机会主义、资产专用性等因素的实际影响大为降低，获取更低的市场交易成本。但同时农户要付出组织成本、利益分摊、管理协调等内生交易费用和定价、签订合约、交割、运输以及违约风险等外生交易成本。

6.3.2 数据、模型与变量选取

6.3.2.1 数据来源

本节数据来源于笔者带队在湖北省武汉市、荆州市、宜城市、钟祥市的调查。湖北省是中国重要的西瓜主产区之一，西甜瓜产业是湖北省农业主导产业之一，是农民增收、农业增效的重要途径，但是近年来也遇到了销售困难、增产不增收、种植西瓜积极性下降等问题。为了解湖北省西瓜主产区农户生产、销售等方面情况，在国家西甜瓜产业技术体系的支持下进行了问卷调查，调查采取分层抽样和调查员入户与农户面对面访谈的方式进行，共获得 238 份问卷，剔除数据不全及有矛盾的问卷，获取有效问卷 220 份。

6.3.2.2 变量说明

参照屈小博等（2007）和姚文等（2011）对交易费用的分类，本书将农户对交易费用的认知分为交易前信息成本、交易过程中的谈判成本以及对交易执行成本的认知三个阶段。以生产特征、农户社会资本特征、农户户主个人特征作为控制变量。将因变量（西瓜种植对销售方式的选择）分为选择自行销售形式和选择中间商销售形式两大类[1]，具体解释变量的定义及描述性统计分析见表 6-11。

---

[1] 在实际销售中，农户会选择多种销售方式，本书以销售量最大的方式来计算。

信息成本。信息成本是指获得价格和产品信息的成本以及识别合适交易对象的成本。借鉴屈小博等的研究，将是否了解市场行情（X_1）和不了解本地市场行情对销售影响程度（X_2）这两个变量来分别反映农户能否获得准确的市场信息、信息对销售的影响程度，用与买主的联系方式（X_3）变量反映农户的搜寻成本。

谈判成本。谈判成本是买卖双方讨价还价过程中产生的成本。农户与中间商西瓜等级认定差异（X_4）、自行销售同等级西瓜与通过中间商销售价格差异（X_6）变量来反映农户与买主达成交易的难易程度与农户的议价能力。与买主是否签订销售合同（X_5）反映交易双方起草正式合约的成本。

执行成本。执行成本是农户为完成农产品销售所付出的成本。结算方式（X_7）体现了交易的支付形式，反映了交易双方遵守交易条款所耗费的成本。运输困难程度（X_8）和农户到最近农产品市场的距离（X_9）反映农户完成交易所付出的交通成本。

控制变量。控制变量包括生产特征、社会资本特征、户主个人特征三大类。生产特征包括农户西瓜栽培方式（X_{10}），反映西瓜种植的物质资本投入情况，西瓜种植年限（X_{11}）反映人力资本情况，西瓜种植面积（X_{12}）反映农户的生产规模；社会资本状况包括农户是否加入合作社（X_{16}）和家中是否有人从事非农业务（X_{17}）。农户个人特征包括户主受教育程度（X_{14}）、年龄（X_{13}）、风险态度（X_{15}）。现有国内对农户生产经营规模划分的研究中，基本以种植面积为划分标准，且农户的规模分类差异不大，一般将种植面积小于 3~5 亩的划分为小规模农户，种植面积大于 8 亩的划分为大规模农户。本书将借鉴此种分法，分别对全体样本和两类不同种植规模的瓜农的销售选择行为进行模型估计。

表 6-11　变量的赋值与描述性统计分析

变量名称	测量及赋值	均值	标准差
Y（销售模式选择）	自行销售＝1；经中间商销售＝0	0.306	0.462
信息成本			
X_1（是否了解市场行情）	是＝1；否＝0	0.446	0.498
X_2（不了解本地市场信息对销售的影响）	没有影响＝1；有些影响＝2；影响很大＝3	1.856	1.124
X_3（与买主取得联系的方式）	自己联系＝1；经纪人介绍＝2；买主主动联系＝3	2.495	0.697
谈判成本			
X_4（农户与中间商在西瓜等级认定上的差异）	完全不一致＝1；经常不一致＝2；有时一致＝3；多数情况一致＝4；完全一致＝5	3.239	0.898
X_5（与买主是否签订销售合同）	是＝1；否＝0	0.162	0.369
X_6（自行销售同等级西瓜与通过中间商销售价格差异）	差异较大＝1；大＝2；较小＝3	1.977	0.627
执行成本			
X_7（结算方式）	现金交易＝1；其他＝0	0.878	0.328
X_8（运输困难程度）	运输困难＝1；没困难＝0	0.324	0.469
X_9（农户到最近农产品市场的距离）	0～5 公里＝1；5～10 公里＝2；10～15 公里＝3；15～20 公里＝4；20 公里以上＝5	2.811	1.825
生产特征			
X_{10}（栽培方式）	露地＝1；设施＝0	0.739	0.440
X_{11}（西瓜种植年限）	西瓜种植年限	14.57	5.657
X_{12}（西瓜种植规模）	农户西瓜种植面积（亩）	10.19	8.522
农户特征			
X_{13}（户主年龄）	户主实际年龄（岁）	50.65	7.765
X_{14}（户主受教育程度）	户主受教育年限	9.050	2.375

（续）

变量名称	测量及赋值	均值	标准差
X_{15}（户主风险态度）	风险厌恶型＝1；风险中立型＝2；风险偏好型＝3	1.748	0.659
社会资本特征			
X_{16}（是否是合作社成员）	是＝1；否＝0	0.450	0.499
X_{17}（家庭是否从事非农产业）	是＝1；否＝0	0.779	0.416

6.3.2.3 样本的统计描述

（1）销售方式与种植规模。被调查农户以中小规模经营为主，西瓜种植面积在 8 亩及以下的农户所占总样本比重为 56.76%，8 亩以上的农户所占总样本比重为 43.24%。选择通过中间商销售方式的农户占总样本的 69.37%。小规模、大规模农户选择自行销售方式的均值分别为 0.447、0.185（表 6-12），可见小规模农户中选择自行交易方式的比重远大于大规模农户，但无论大规模、小规模农户均选择通过中间商交易为主。

表 6-12 不同规模农户交易特征及农户特征描述

变量	较小规模		较大规模	
	均值	标准差	均值	标准差
Y	0.447	0.500	0.185	0.390
X_1	0.398	0.492	0.487	0.502
X_2	1.680	0.931	2.008	1.252
X_3	2.330	0.809	2.639	0.548
X_4	3.262	0.939	3.218	0.865
X_5	0.194	0.397	0.134	0.343
X_6	1.903	0.679	2.042	0.573
X_7	0.874	0.334	0.882	0.324

变量	较小规模		较大规模	
	均值	标准差	均值	标准差
X_8	0.252	0.437	0.387	0.489
X_9	1.981	1.482	3.529	1.794
X_{10}	0.699	0.461	0.773	0.421
X_{11}	12.95	5.911	15.96	5.055
X_{12}	3.926	2.003	15.61	8.287
X_{13}	51.42	8.519	49.99	7.016
X_{14}	8.272	2.658	9.723	1.864
X_{15}	1.612	0.645	1.866	0.650
X_{16}	0.379	0.487	0.513	0.502
X_{17}	0.806	0.397	0.756	0.431

（2）农户专用性资产投资。西瓜生产对专用性资产的要求，主要表现为土地投资、农机具投资和运输工具投资，这是普遍的通用性投资。而露地西瓜生产经营与设施西瓜生产经营相比，设施西瓜生产投入的专用性资产投资特征较为明显。本研究以西瓜种植方式差异来衡量农户专用性资产投资差异程度。较小规模农户专用性资产投资均值大于较大规模的均值，即目前较大规模农户以露地种植为主，设施种植以中小规模为主。就销售渠道看，设施栽培的农户以中间商销售为主（占62.07%），露地种植的农户以自行销售为主（占80.49%）。

（3）农户人力资本与社会资本。西瓜种植以中老年劳动力为主，全体样本农户户主的平均年龄为50.65岁，户主年龄在40～60岁的农户在总样本中的占比达82.88%，且较大规模农户的平均年龄小于较小规模农户；西瓜种植农户户主受教育程度偏低，户主受教育程度为初中及以下的农户在被调查农户中占67.57%，高中及以上学历仅占1.35%，且较小规模农户的平均受教育年限小于较大规模农户。就农户种植经验而言，小规模农户平均种植年限小于较大规模农户，选择自行销售农户的种植年限均值（13.8）小于选择中间商销售方式的农户（14.8）。较大规模农户具有更高的人力资本，更偏好与市场协作更紧密的销售方式。

加入合作社是提高农户组织化程度的重要方式。小规模农户加入合作社的比例远小于大规模农户。调查发现，并不是所有加入合作社的农户都选择中间商作为主要销售渠道，也有相当一部分加入合作社的农户选择以自行销售方式为主要销售为渠道，农户普遍反映合作社在组织销售方面能力有限，大多只提供生产技术、物质统一购买等方面的服务，在产后的销售环节服务薄弱。

6.3.2.4 模型设定

本书主要考察农户销售方式选择的主要影响因素，农户销售方式选择这一因变量是离散选择变量。由于被解释变量属于离散变量，在分析离散选择问题时采用概率模型（Logistic、Probit 和 Tobit）是理想的估计方法。在处理二分类因变量的情况下，Logistic 回归模型和 Probit 模型的结果十分近似，目前尚不存在坚实的理论区别二者的优劣。但在某些情况下，Logistic 模型和 Probit 模型的估计相差很大，当模型包含连续自变量时，应用 Logistic 回归模型更好（王济川等，2001）。本书设定以下离散选择变量：

$$Logit(p) = \ln\left(\frac{p}{1-p}\right) = \beta_0 + \beta_1 x_1 + \beta_2 x_2 + \cdots + \beta_i x_i + \varepsilon_i$$

$$(6\text{-}1)$$

式中，p 表示农户选择自行销售的概率；x_i（$i=1，2，\cdots，n$）为影响西瓜种植农户销售方式选择的主要因素，相关赋值及解释见表 6-11；β_0 为截距项，β_i（$i=1，2，\cdots，n$）为回归系数；ε_i

为误差项。更一般的，式（6-1）可转换为：

$$\frac{p}{1-p} = \exp(\beta_0 + \beta_1 x_1 + \beta_2 x_2 + \cdots + \beta_i x_i) \tag{6-2}$$

对式（6-2）进行整理，可以得到第 i 个农户选择自行销售的概率为：

$$p_i = \frac{1}{1 + e^{(\beta_0 + \beta_1 x_1 + \beta_2 x_2 + \cdots + \beta_i x_i + \varepsilon_i)}} \tag{6-3}$$

6.3.3　模型估计结果与分析

Logistic 回归对多元共线性敏感，当多元共线程度较高时，系数标准误的估计将产生偏差，在进行 Logistic 回归分析之前检验变量间的多重共线性。方差膨胀因子 VIF（Variance Inflation Factor）可用于多元共线性的诊断，一般认为，若 $VIF \leqslant 5$，可认为变量间不存在严重的多重共线性问题（王济川等，2001）。利用 Stata 进行多重共线性诊断，结果显示最大的方差膨胀因子为 $2.02 < 5$，检验表明所选变量间不存在严重多重共线。

运用 Stata.13 软件采用 N-R 迭代方法，相关参数估计结果见表 6-13，分别是全体样本农户（模型Ⅰ）、8 亩以下样本农户（模型Ⅱ）、8 亩以上样本农户（模型Ⅲ）的估计结果。由于模型Ⅱ和模型Ⅲ是按种植面积划分的，估计时将变量 X_{12}（经营规模）去掉，该变量只在模型Ⅰ中体现。从模型回归结果看，3 个模型拟合效果均较好，模型自变量的系数符号和关键变量的显著性基本保持一致，体现出较好的模型稳健性。为进一步检验模型的稳健性，分别采用 OLS 模型、Probit 模型对样本数据进行拟合，回归结果的关键变量的符号和显著性与带罚函数的二元 Logistic 模型估计结果基本一致。

6.3.3.1　信息成本对销售行为的影响

信息成本变量中，X_1（是否了解西瓜市场行情）在 3 个模型中影响方向均为负，但在统计上均不显著。可能的原因是，在信息爆炸时代，农民信息利用能力和信息鉴别能力弱，无法获取真正有效的信息。被调查的绝大多数农户都不了解市场行情。小规模农户中了解市场行情的仅占总样本的39.8%，大规模农户中了解市场行情的占总样本的48.7%。

表6-13 带罚函数的二元 Logistic 模型结果

自变量	模型Ⅰ（总样本）		模型Ⅱ（小规模）		模型Ⅲ（较大规模）	
	系数	exp（B）	系数	exp（B）	系数	exp（B）
X_1	−0.338	0.710	−1.317	0.268	−0.136	0.873
	(0.494)	(0.351)	(0.841)	(0.225)	(0.813)	(0.709)
X_2	0.750***	2.118***	1.111***	3.036***	0.769**	2.158**
	(0.213)	(0.452)	(0.419)	(1.271)	(0.322)	(0.695)
X_3	0.343	1.410	0.167	1.181	1.080	2.945
	(0.358)	(0.504)	(0.496)	(0.586)	(0.920)	(2.708)
X_4	−0.528**	0.590**	−0.866**	0.421**	−0.015*	0.015*
	(0.243)	(0.143)	(0.347)	(0.146)	(0.522)	(0.530)
X_5	−0.177	0.836	0.144	1.153	−1.164	0.312
	(0.672)	(0.561)	(1.046)	(1.206)	(1.246)	(0.389)
X_6	−0.655*	0.521*	−0.933*	0.394*	−1.822*	0.162*
	(0.383)	(0.199)	(0.538)	(0.212)	(1.079)	(0.174)
X_7	−2.465***	0.086***	−4.860***	0.008***	−2.936**	0.053**
	(0.734)	(0.063)	(1.638)	(0.013)	(1.271)	(0.067)
X_8	−0.577	0.560	−1.209	0.299	−1.195	0.303
	(0.539)	(0.302)	(1.055)	(0.315)	(1.091)	(0.331)
X_9	−0.614***	0.542***	−0.469**	0.626**	−0.402**	0.669**
	(0.197)	(0.107)	(0.347)	(0.217)	(0.309)	(0.207)
X_{10}	−3.883***	0.0208***	−3.578***	0.028***	−4.616***	0.010***
	(0.661)	(0.014)	(1.079)	(0.030)	(1.195)	(0.012)
X_{11}	0.136***	1.145***	0.254***	1.289***	0.045	1.046
	(0.046)	(0.053)	(0.089)	(0.116)	(0.085)	(0.089)

（续）

自变量	模型Ⅰ（总样本）		模型Ⅱ（小规模）		模型Ⅲ（较大规模）	
	系数	exp（B）	系数	exp（B）	系数	exp（B）
X_{12}	−0.843***	0.431***	—	—	—	—
	(0.286)	(0.123)				
X_{13}	0.087	1.086	−1.852	0.157	4.081	59.19
	(1.530)	(1.660)	(1.980)	(0.311)	(2.738)	(162.1)
X_{14}	−0.019	0.982	0.007	1.007	−0.012	0.988
	(0.101)	(0.099)	(0.136)	(0.137)	(0.223)	(0.220)
X_{15}	−0.550	0.578	−0.446	0.640	−0.061	0.941
	(0.366)	(0.212)	(0.641)	(0.411)	(0.681)	(0.641)
X_{16}	−1.387**	0.251**	−2.864***	0.057***	−0.539	0.583
	(0.556)	(0.139)	(1.007)	(0.058)	(0.838)	(0.489)
X_{18}	0.273	1.313	0.943	2.566	−0.391	0.676
	(0.578)	(0.758)	(0.883)	(2.264)	(0.998)	(0.675)
常数项	7.858	2.552	16.34*	1.237*	−11.16	1.42
	(6.279)	(16.003)	(8.728)	(1.080)	(10.53)	(0.001)
LR chi2	124.05		67.07		57.91	
Prob>chi2	0.000		0.000		0.000	
Pseudo R2	0.459		0.483		0.508	
Log likelihood	−73.201		−35.874		−28.009	

注：括号内为标准差。***、**、* 分别表示 1% 和、5%和10% 显著性水平下显著。

X_2 变量（不了解本地市场信息对销售行为的影响）对农户销售行为在 3 个模型中均影响显著，影响方向为正。说明在其他条件不变的情形下，不了解市场信息对销售影响越大，农户选择自行销售方式的倾向越高。调查显示，绝大多数农户不了解市场行情，考虑到中间商了解市场信息的程度要远大于农户而面临被狠压价的可能，农户（尤其是小规模农户）在销售西瓜前并不询问价格，而是直接将西瓜拉到以往常去的市场，随行就市。

6.3.3.2 谈判成本对销售行为的影响

表征谈判成本的变量在 3 个模型中对被解释变量的影响均为负。X_4 变量（农户与中间商在西瓜等级认定上的差异）均通过了显著性检验。在其他条件不变的情况下，等级认定差异越小，农户选择通过中间商销售方式的倾向越明显。由于不同规模农户的"进入能力"和"留住能力"存在差异，对小规模农户的影响大于大规模农户。目前西瓜市场缺乏统一等级认定标准，中间商在收购西瓜时都有压低等级的倾向和行为，但出于组织货源和选择大规模农户有利于降低运输成本和谈判成本的考虑，中间商在西瓜等级认定上对大规模农户的"压级"现象要明显少于对小规模农户。

X_6 变量（自行销售同等级西瓜相比于通过中间商销售的销售价格差异）在 3 个模型中均影响显著且符号为负。这表明，通过中间商销售与自行销售的价格差异越小，农户选择通过中间商销售的倾向越高。其原因是农户选择自行销售方式的目的是获得更多的收益，如果两种销售方式的价格差异不大，则收益也相差不大。农户通过中间商销售还能因交易成本更低而获取更高的净收益。从不同规模来看，对大规模农户的影响大于对小规模农户的影响，这与屈小博等（2007）的结论相反。这是因为小农户参与市场的交易成本不仅会因农户的经营规模、地区等的不同而发生变化，还会因产品类型不同而变化。从品种属性差异看，西瓜的耐储藏性弱于苹果，且西瓜的消费主要集中于夏季，而苹果更耐储藏且消费者对其消费偏好的季节性弱，苹果农户可储藏待价出售。种植西瓜的大规模农户面临更大的及时销售压力，销售途径的有限性更加剧了这一压力，因此 X_6 变量对大规模瓜农的影响大于对小规模瓜农的影响。

6.3.3.3 执行成本对农户销售行为的影响

X_7 变量（西瓜销售的结算方式）对农户西瓜销售方式选择

的影响在 3 个模型中均显著且方向为负，对小规模农户的影响大于大规模农户的影响。说明在西瓜销售中，现金交易方式比其他交易方式更受欢迎。当前广大农村地区的市场和法制建设远落后于市场需求，农户遭遇抵赖时运用法律手段维权的成本极高。出于规避风险的考虑，现金交易成为农户的理想选择。对不同规模农户而言，中间商在收购西瓜时，对大多数小规模农户在价格上采用"一口价"方式，在结算方式上多支付现金。较大规模农户有更高的交易量，西瓜不耐储藏属性使得农户面临及时销售的压力不得不接受支付部分定金等其他结算形式。

X_9 变量（农户到最近农产品市场的距离）在 3 个模型中均通过了显著性检验，且影响方向为负。表明农户距离市场越远，选择自行销售的可能性越低，选择中间商销售的倾向越高。一般而言，成本随距离的增大而增加，与农户居住地距离越远的地点销售农产品所付出的信息成本和执行成本越高。西瓜长距离运输成本高，损耗较大，中间商销售方式大批量上门集中采购有利于降低运输成本，农户更倾向于选择中间商销售西瓜。

6.3.3.4 生产特征对销售行为的影响

在全体农户样本模型中物质资本投入、人力资本专用性和生产规模等变量均通过了显著性检验。代理物质资本投入指标的 X_{10} 变量（西瓜栽培方式）在 3 个模型中均产生了显著负向影响，即采用设施栽培的农户（相对于露地栽培农户）选择中间商销售方式的倾向越高。从不同规模来看，栽培方式对小规模农户的影响明显大于大规模农户。这是因为采用设施栽培的农户更多地集中于小规模农户，表 6-12 可知，大规模农户和小规模农户采用设施栽培的均值分别为 0.227、0.301，从这个角度看，小规模农户的物质资本投入要高于大规模农户，说明物质资本专用性越强的农户越倾向于选择紧密型销售协作模式。

X_{11} 变量（西瓜种植年限）对农户销售方式选择在总样本和

小规模样本模型中呈显著正向影响，说明西瓜种植年限越长的农户越倾向于选择自行销售方式。种植年限越久，不仅意味着种植技术经验更为丰富，也意味着在销售渠道、市场信息获取等方面也积累了丰富的销售经验，农户自行销售的信息成本降低，谈判能力得到提升，自行销售能获取更高的销售收益。种植年限对大规模农户销售方式选择影响不显著，可能的解释是，西瓜用于鲜食，不耐储藏，大规模农户面临更大的产量销售压力，即使销售经验丰富，由于自行销售方式大多一次交易量有限，大规模农户只能选择通过中间商销售作为主要销售方式。X_{12}（种植规模）对销售方式选择的影响通过了 1% 统计水平的显著性检验且方向为负，进一步验证了种植规模越大的农户选择中间商销售的可能性越大。

6.3.3.5 社会特征、个人特征对农户销售行为的影响

表征社会资本特征的 X_{16} 变量（是否加入合作社）在 3 个模型中影响均为负，在小规模农户样本模型中通过了显著性检验，但在大规模农户样本模型未通过显著性检验，说明合作社对农户销售方式选择对小规模农户的影响显著。调查样本中虽然大规模农户加入合作社的比例远大于小规模农户，但大多合作社注重的是对生产技术指导、物资统一购买等生产方面的服务，对销售重视不够或者销售运营能力有限，对大规模种植户的销售服务能力受限。

6.4 本章小结

本章以农户调查数据为基础，分析了不同规模、不同地区农户销售信息获取行为、农户销售途径的选择行为以及交易成本对不同规模农户销售行为的影响。主要结论如下：

（1）不同规模农户市场信息获取主要来源具有趋同性，且主要来源于本地市场，现代化信息获取手段开始出现。农户对不同

来源信息的认可度存在差异，农户对本地市场获取的信息认可度较高，对传统媒介和互联网等现代信息来源认可度较低。政府、农业协会和农民合作组织在为农户提供有效市场信息方面明显供给不足；种植户受教育程度、经营规模、是否是瓜菜协会或合作组织成员与其农户西瓜销售信息获取来源多样与否存在正相关关系；不同地区农户西瓜销售信息获取来源存在显著差异。生产专业化、集聚度越高地区的农户在市场信息获取的稳定性和销售渠道的稳定性上更有保障，农户的市场信息搜寻、辨别成本更低。

（2）不同规模和不同地区农户的主要销售渠道存在差异，小规模农户更倾向于"农户市场"的直接流通模式，而规模越大的农户越倾向于通过"经纪人"和商贩等中介进行销售。农户生产规模的扩大及生产专业化的提高将促进高价值农产品销售方式由纯粹的市场交易向市场分工协作交易方式转变。

（3）基于 Logit 模型的计量分析表明，交易成本对农户交易方式选择影响显著，其中反映信息成本的不了解市场信息对销售的影响程度变量对农户选择自行销售方式有显著正向影响；反映谈判成本的自行销售同等级西瓜相比于通过中间商销售的价格差异变量和对西瓜等级认定差异变量对农户选择自行销售方式有显著负向影响；反映执行成本的农户到最近农产品市场的距离变量和结算方式变量对农户选择自行销售方式有显著负向影响；生产特征和社会特征对农户销售行为影响显著；经营规模对农户选择自行销售方式呈显著负向影响。栽培方式对农户销售方式选择有显著负向影响。种植年限对小规模农户销售行为影响显著，但对大规模农户影响不显著。合作社对不同规模农户销售行为的影响差异显著，对小规模农户销售方式选择影响显著，对大规模农户影响不显著，合作社的销售服务能力薄弱。

第七章　农户风险认知及规避行为

　　风险条件下微观农业生产决策与经营问题，一直是农经界关注的重点，目前已经形成了成熟的理论与方法。从现有文献来看，农户农业生产决策的主流理论基础是基于农户理性行为假设基础上的预期效用理论，而实证研究主要围绕农业风险来源及农户风险认知、生产者风险偏好及其影响因素、风险条件下的生产决策这几方面。农户对风险来源及其认知行为，不仅在很大程度上影响农户是否选择进入商品性农产品生产，而且还会影响其农业生产经营风险防范措施的选择。囿于研究数据所限，本章主要集中于农户风险来源及认知行为和风险规避行为分析。了解农户的风险认知及其偏好，不仅有助于了解农户在生产过程中的风险决策行为，也有助于为政府制定相关的风险管理政策提供依据。本章基于湖北、河南、山东三个主产区农户西瓜生产经营情况实地调研数据，对农户西瓜生产风险来源、农户风险认知及规避情况进行统计分析，总结农户风险行为特征及规避风险面临的主要约束，最后得出提高农户风险防范能力和弱化风险的措施。

7.1　数据来源与农户基本情况描述

　　农户生产经营风险分析数据来自于课题组 2015 年 9 月在湖北省、2016 年 9 月在河南省和山东省西瓜主产区调查所得。关于农户风险行为的有效样本为 500 户。全部调查样本和不同经营规模农户家庭基本情况见表 7-1。从表 7-1 可见不同规模农户的户均人口、家庭劳动力总数、受教育程度、常年在家务农人数等指标存在差异：①随着经营规模的增大，常年在家务农人数和从事西瓜种植人数呈增大趋势，这可能与西瓜属于劳动密集型园艺产品，机械化程度很低，生产经营规模受劳动力供给约束大有关。常年在家务农的劳动力数量与从事西瓜种植人数的均值接近，这说明在家务农的劳动力几乎全员从事西瓜生产。②全体样本户主受教育年限约 8 年，高于中国农村人均受教育时间的 7 年。户主受教育年限也呈现出随着经营规模的增加而增大趋势。全体样本户主年龄均值为 47.6，户主年龄均值随着经营规模增大而减小。西瓜经营规模越大，对劳动力的体力和经营管理能力、市场预测及销售能力等要求越高。③农户西瓜种植年限随着经营规模的增加而增大，西瓜生产技术较为复杂，且市场波动大，种植经验越丰富的农户在种植技术和销售渠道等方面具有优势。④从西瓜收入占家庭总收入的比例来看，全体样本均值比例达 45%（这个比例已经可认为是家庭主要收入来源），随着经营规模的扩大其比重逐渐增大，8 亩以上的农户其西瓜收入占 50%以上，可见，随着经营规模的扩大，专业化趋势明显。⑤全部样本户的西瓜种植面积均值为 8.78 亩，其中设施西瓜面积均值为 3.81 亩、露地西瓜面积均值为 4.95 亩。无论是从全体样本还是从不同规模来看，设施西瓜户种植面积小于露地西瓜种植面积。

表 7-1　经营规模差异下的调查农户的基本统计特征

指　　标	全部样本	4 亩以下	4～8 亩	8 亩以上
家庭总人口（人）	4.424	4.38	4.445	4.418
家庭劳动力总数（人）	2.74	2.772	2.718	2.751
常年在家务农人数（人）	2.174	2.025	2.086	2.328

（续）

指　标	全部样本	4 亩以下	4～8 亩	8 亩以上
从事西瓜种植人数（人）	2.162	2	2.05	2.348
2015 年西瓜种植总收入（万元）	3.241	1.24	2.64	4.694
2015 年西瓜收入占家庭总收的比重（%）	44.8	27.1	44.7	51.6
户主年龄（岁）	47.56	51.04	48.13	45.58
户主受教育年限（年）	7.986	7.519	7.623	8.567
西瓜种植面积（亩）	8.781	2.263	5.986	14.4
设施西瓜面积（亩）	4.946	1.152	3.227	8.318
露地西瓜面积（亩）	3.806	1.111	2.759	6.01
农户经营面积（亩）	14.48	8.314	11.25	20.42
西瓜种植年限（年）	16.59	16.02	16.37	17.06

注：表内报告数据均为均值。4 亩以下农户样本响应数为 79 户，最小值为 0.7 亩、最大值为 3.5 亩，所占百分比为 15.8%；4～8 亩农户样本响应数为 220 户，所占百分比为 44.0%，最小值为 4 亩、最大值为 8 亩；8 亩以上农户样本为 201 户，所占百分比为 40.20%；最小值为 8.5 亩、最大值为 45 亩。

中国地区经济及自然条件的巨大差异性很可能导致西瓜生产经营存在很大的地域性差异，因此本书还从地域差异的视角对农户的基本统计特征进行描述。从表 7-2 得知，河南地区被调查农户户均农业劳动力数量高于山东和湖北地区。但是从西瓜种植总收入的均值来看，河南的农户西瓜收入均值却低于湖北和山东，山东是其 2 倍多，这可能与种植模式差异等因素有很大的关系。一般设施种植单位面积的收入大于露地种植的单位面积收入，河南和湖北调研地区的设施种植面积均值要远低于山东地区，河南和湖北地区的调查农户以露地西瓜种植为主；河南调查地区户主受教育年限在三个区域中最低，湖北调查地区农户受教育水平最高。河南、湖北、山东调查地区农户户主年龄均值依次为 48.1 岁、50.5 岁、43.0 岁，大致呈现出西瓜生产专业化程度越高的

地区户主年龄越小的态势。三个地区农户西瓜种植年限均值中河
南地区和山东地区相差不大（约 18 年）种植经验丰富，湖北地
区最低（14.5 年）；从种植模式来看，山东以设施种植为主，西
瓜种植面积与家庭农业经营面积接近，专业化程度高，西瓜已成
为家庭农业生产的主要种植作物，大多为春季西瓜＋秋季蔬菜的
种植模式，调查发现山东地区甚至出现了部分农户将所有农地全
年种植西瓜的现象，即春季西瓜＋秋季西瓜种植模式。湖北和河
南以露地种植为主[1]，西瓜种植面积约占家庭农业经营面积的一
半多。

表 7-2　地域差异下的调查农户的基本统计特征

指　　标	全部样本	河南	湖北	山东
家庭总人口（人）	4.424	5.186	4.216	4.078
家庭劳动力总数（人）	2.74	3.07	2.862	2.288
常年在家务农人数（人）	2.174	2.326	2.069	2.196
从事西瓜种植人数（人）	2.162	2.279	2.069	2.196
15 年西瓜种植总收入（万元）	3.241	2.163	2.558	5.134
2015 年西瓜收入占家庭总收的比重（%）	44.8	48.5	40.7	48.0
户主年龄（岁）	47.566	48.050	50.520	42.950
户主受教育年限（年）	7.986	6.853	9.069	7.399
西瓜种植面积（亩）	8.781	7.757	9.705	8.327
设施西瓜面积（亩）	4.946	7.038	7.142	0.052
露地西瓜面积（亩）	3.806	0.719	2.563	8.18
农户经营面积（亩）	14.48	14.41	18.34	9.015
西瓜种植年限（年）	16.59	18.23	14.5	18.19

---

[1]　囿于调研时间和财力等因素的限制，本书的三省调研并没有覆盖到所有地
区。为了叙述方便，本书在分析和描述时，直接用这样的表述，如湖北省的农户代
替湖北省样本农户，文中如无特殊说明时，类似表述均指代的是样本地区的情况。
比如此处基于样本地区调查得出的结论，山东以设施种植为主，湖北以设施种植为
主这样的表述，均是指根据调查样本的结果，并不是代表整个山东省的状况是以设
施种植为主。

7.2 农户生产经营风险来源

本书在前文理论基础部分已经对农户风险类型划分及基础理论进行了介绍，本节直接根据调查数据进行实证分析。本研究在问卷中将自然风险主要归为以下几类：①气候自然灾害；②病虫害；③灌溉条件；④种植技术；⑤农资质量问题；⑥其他。市场风险一般是由于市场供求失衡、农产品价格波动、贸易条件等因素变化、信息不对称、农业生产周期较长导致市场调节的滞后、市场前景预测偏差等所引起的风险。其中价格波动是影响市场风险的主要因素。本书在调查问卷设计中将市场风险归为以下几类：①价格变动大；②市场供求变化；③运输流通困难；④省外西瓜供应的影响；⑤进口水果的影响；⑥其他原因。

我国地域辽阔，地理环境和气候千差万别，不同地域农户所面临的风险差异性较大，本书将从不同地域的视角对农户生产来源认知差异进行分析。农业工程设施的出现，在一定程度上弱化了自然灾害对农业生产的影响，同时也影响农产品的上市时间，因此拥有不同农业工程设施水平的农户所面临的自然风险和市场风险可能会有较大的差异。本研究的西瓜种植模式分为设施种植和露地种植，其面临的自然风险和市场风险有较大的差异，因此本书除了从不同规模和不同地域的视角分析农户风险来源认知差异，还将从不同种植模式的视角来分析。

7.2.1 总体情况

根据实地问卷调查结果，农户从事农业生产经营风险来源情况如表 7-3 所示。被调查农户有超过一半（58%）认为农业生产经营风险主要来源于市场风险，这个比例远超于生产风险。这与粮食市场受政策调控影响有很大的不同，西瓜生产经营很早就进入了市场化,几乎完全由市场来调节其生产和销售,面临着更高的市场风险。加上西瓜消费的季节性、不耐储藏需及时出售等因素加大了其价格波动,直接冲击瓜农的收益,瓜农对市场风险带来影响感知更为直接和普遍。调查地区农民西瓜生产经验丰富,生产技术效率都较高,相比于市场风险,瓜农对生产风险有着更高的可控性。可见随着农产品市场化改革的深入,市场风险日益成为影响高价值农产品农户生产经营的主要来源。

(1)从不同规模对比来看(表7-3),不同规模西瓜农户中选择市场风险的比例均高于生产风险。随着经营规模的扩大产量风险的影响趋于减小,市场风险趋于增加。规模较大的农户在西瓜生产技术等方面具有优势,但规模越大的农户面临的市场风险越大,西瓜为鲜食农产品,不耐储藏,集中大规模上市面临着更高的市场风险。

表7-3　不同规模农户西瓜生产经营风险来源情况

单位:%

类　　　型	4亩以下	4～8亩	8亩以上	全体样本
产量风险	40.51	38.18	39.80	41.26
市场风险	48.10	56.36	57.21	58.32

注:除了产量风险和市场风险外,有少量农户选择"其他风险",此表未列出。

(2)从不同种植模式来看(表7-4),设施种植和露地种植情景下,均呈现出农户选择市场风险的比例高于产量风险的结果,从事露地种植的农户选择市场风险的比例将近产量风险比例的2倍,设施种植模式农户中选择市场风险的比例与产量风险的比例比较接近。农业工程措施干预下西瓜设施种植最大的优势是能错开集中上市时间,提前或延后西瓜上市时间,减少市场风险;而露地种植受自然不可控因素的影响更大,且集中上市,市场风险更大。

表 7-4　不同种植模式农户西瓜生产经营风险来源情况

单位：%

类型	设施	露地
产量风险	48.25	34.96
市场风险	50.88	65.04

注：除了产量风险和市场风险外，有少量农户选择"其他风险"，此表未列出。

（3）从不同地域来看（表 7-5），不同地区农户选择市场风险的比例均高于产量风险。河南地区农户选择市场风险的比例最高，其次为湖北省，山东省最小。这与所调查地区的种植模式与市场环境有很大的关系。调查样本地区，河南地区的露地种植比例最大，湖北其次，山东的设施种植比例最高。山东地区的西瓜市场相较于前两个地区要发达很多，生产销售环节出现了专业化分工，有庞大的西瓜经纪人队伍，经纪人和瓜农之间信息沟通便捷频繁，通过电话、微信群等现代化信息沟通手段，随时更新发布信息，销售渠道比较稳定；在采摘环节有当地自发组织的专业收瓜队，负责将西瓜从瓜地采摘并用小三轮车运送到大货车上，按销售的西瓜重量收取费用。在交易环节，大部分农户会提前与购买商或中介在地里看瓜之后，商议好价格，并签署书面合约后进行交易，一般在看瓜后一两天内进行实物交易。该地区仅有极少的农户采用自己先将西瓜从地里采摘，然后再寻找买家的随机性交易模式。而湖北和河南大多农户采用自己先将西瓜采摘，然后寻找目标买家的销售模式，没有事前签订西瓜销售合约的现象，也没有出现类似于山东地区的专业摘瓜队的销售环节分工的专业化和细化现象。

市场中介组织作用的发挥是社会分工深化和细化的表现，其媒介生产与消费的作用更加细腻，在市场经济发展中扮演着重要角色，并逐渐成为市场发育程度的标志。山东地区西瓜收瓜队相当于一个当地人自发形成的一个市场中介组织，其出现正是专业化分工的产物，分工深化通过组织和技术创新促进市场中介组织的形成和发展，市场中介组织的发展反过来又会提高交易效率，降低交易成本，从而促进分工演进，由此产生一个正反馈的良性循环过程。这也是前文生产效率测算结果山东地区农户无论是生产效率，还是销售均价均高于其他两个地区的重要原因，同时也是山东地区农户西瓜市场风险选择比重低于其他两个地区的深层次原因。可见，产业市场的发育越充分，其专业化分工，有利于降低微观经营主体实际面临的市场风险的大小和改变微观经营主体对产品市场风险的认知。

表 7-5　不同区域农户西瓜生产经营风险来源情况

单位:%

类型	河南	湖北	山东
产量风险	34.15	43.27	44.44
市场风险	65.04	56.73	54.86

注:除了产量风险和市场风险外，有少量农户选择"其他风险"，此表未列出。

综上，从不同视角的分析均得出西瓜生产经营风险的主要来源为市场风险和产量风险。农户选择市场风险的比例均超过了半数（除小规模农户外），均高于产量风险的比例。种植规模越大的农户面临的市场风险越高。露地种植的农户市场风险来源选择比例将近产量风险的 2 倍，说明农业工程设施在降低西瓜生产经营的市场风险方面起到了很大作用；不同区域农户西瓜生产经营风险来源存在差异，专业化程度高、西瓜市场发达的地区农户面临的市场风险较小。

需要注意的是，农户对某一风险类型选择比例高并不一定意味着该种因素导致的风险高，而仅仅是表明该种风险来源的普遍性。例如，农户因为错选品种而导致产量损失很大，后果很严重，但这种情形发生概率较小，因此选择这种风险来源的农户数量并不多。

7.2.2 不同规模农户生产经营风险来源

图 7-1 中的 1～7 类风险来源依次代表气候等自然灾害、病虫害、灌溉条件、种植技术和农资质量，这些因素的变化将直接导致产量的波动，导致农户收益的不确定性。从图 7-1 中可见，不同规模瓜农对气候等自然灾害的选择比例均在 73% 以上，这说明气候等自然灾害对农业产量波动影响的普遍性，自然灾害是农户西瓜生产面临最普遍的生产风险。这与西爱琴（2006）、屈小博（2008）研究的其他作物（粮食、苹果等）的结论一致，这再次印证了农业生产受自然条件影响的普遍性。自然条件的变化无常造成农业生产的高风险，气候自然灾害是农户自身难以规避的风险。

不同规模瓜农对普遍风险来源认知仍表现出一致性，病虫害风险选择比例在不同规模农户中均排在第二位，均在 40% 以上，说明病虫害风险的普遍性。4 亩以下、4～8 亩、8 亩以上的瓜农对病虫害风险的选择比例依次为 40.51%、45.45%、50.25%，呈现出随经营规模增大，病虫害风险增加趋势。规模越大的农户认为病虫害对西瓜产量的影响越大。这缘于西瓜生长过程中病害种类繁多，其中侵染性病害有几十种，如常见的西瓜蔓枯病、炭疽病等，这些病害不仅影响西瓜产量，也影响品质。一旦受到侵染性病害，规模越大，损失越大[①]。

不同规模农户对第三位的产量风险来源认知出现差异，4 亩以下、4～8 亩、8 亩以上的瓜农认为排在第三位的产量风险来源

---

① 西瓜甜瓜病虫害因发生种类多，危害严重，已成为制约西瓜甜瓜产业健康发展的重要因素之一。真菌性病害主要包括枯萎病、炭疽病、蔓枯病、白粉病、霜霉病、疫病等，周年常发并造成重大经济损失；细菌性病害主要有细菌性果斑病、角斑病、缘枯病、叶枯病、软腐病等，特别是细菌性果斑病作为毁灭性种传病害，近年来发生加重，严重威胁西瓜甜瓜生产及制种业发展。

	1	2	3	4	5	6
■4亩以下	74.68%	40.51%	8.86%	13.92%	2.53%	0.00%
■4~8亩	73.64%	45.45%	8.18%	6.36%	5.45%	0.91%
□8亩以上	75.62%	50.25%	12.44%	10.95%	6.47%	2.99%

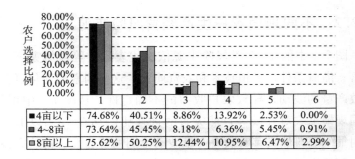

图 7-1　不同规模农户产量风险来源

注：1 表示气候自然灾害，2 表示病虫害，3 表示灌溉条件，4 表示不精通种植技术，5 表示农资质量问题，6 表示政策变动。

依次为“不精通种植技术”“灌溉条件”“灌溉条件”。西瓜生产环节多，生产管理精细化要求较高，农户技术水平越低对西瓜产量的负向影响越大。小规模农户生产技术水平较低，受种植技术水平的约束越大，较大规模的瓜农的生产技术水平较高，遇到技术因素导致的产量风险相对较小。西瓜生长对水肥要求比较高，经营规模越大对灌溉条件要求越高。

农户农资质量问题所引发的风险选择比例随经营规模的增大而增加，这是因为农资一般是批量购买，经营规模越大的农户，一旦遇到有问题的农资，比如假种子、假农药造成损失越大。

图 7-2 显示了西瓜生产的主要市场风险来源。A～E 依次表示农产品市场价格波动大、市场供求变化（市场信息来源）、销售流通困难、省外等其他西瓜供给影响、其他水果的影响（在问卷设计中也有政策变动选项，但最后的统计结果中，选择政策选项的仅几户，而且是设施种植的农户关于建设大棚补助的政策，未在图中列出，可见政策对西瓜生产经营的影响很微弱）。

随着农业市场化改革的深入和农户市场参与程度的加深，市场价格因素对农户生产经营的影响越来越大，对于以市场销售为

目的的瓜农来说，价格供求因素是影响农户西瓜生产经营市场风险的绝对主导因素。如图 7-2 所示，68％以上的农户认为"市场价格波动大"是生产经营的主要风险来源，规模越大的农户选择市场价格波动的比例越高。价格波动频繁、波动幅度大导致瓜农收益的不稳定性和投资决策的复杂性。同时缺乏及时有效的市场信息会造成瓜农收益的不确定性，也是农户生产经营风险的主要来源，图 7-2 呈现出规模越大的农户选择"市场信息来源"的比例越低，说明规模越大的农户在市场信息获取上具有优势。此外，省外西瓜供给对农户市场销售有较大的影响，且规模越大的农户受省外供给的影响越大。西瓜在我国各地几乎都有种植，各省之间存在竞争关系。选择"其他水果影响"的农户比重较低，说明西瓜自身的独特性，其他水果对西瓜的替代性不大。

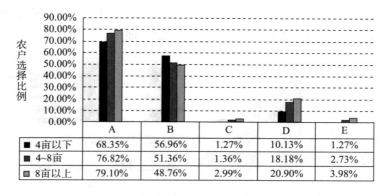

图 7-2　不同规模农户市场风险来源

注：A 表示农产品市场价格波动大，B 表示市场供求变化（市场信息来源），
C 表示销售流通困难，D 表示省外西瓜供给影响，E 表示其他水果的影响。

7.2.3　不同种植模式农户生产经营风险来源

依据图 7-3 的统计结果显示，从不同种植模式来看，气候等自然灾害依然是最普遍的产量风险来源，两类种植模式农户选择的比例在 74％以上。西瓜害虫种类多样，且发生危害程度与栽培制度关系密切（赵延昌等，2014）。露地种植的瓜农对病虫害选择比例近 60％，设施种植的农户选择病虫害的比例为 32％，比露地种植瓜农的选择比例低近一半。注意的是，这并不能说明露地种植的病虫害的发生比设施大棚的来源更普遍。理论上，大棚栽培连作程度高，设施栽培模式由于棚内温度湿度等环境更利于病害发生，相较于露地栽培方式，病虫害发生的概率总体上要高。这里农户风险来源选择比例呈现出相反的关系，这与两种栽培模式的管理方式的不同有很大的关系，可能的解释是：一般大棚设施栽培管理精细，对病虫害的防控和防治技术较高，露地栽培模式的管理比较粗放，对病虫害缺少合理的防控，因病虫害对西瓜产量造成的影响大，因此反映在农户产量风险来源选择的比例较高。灌溉条件对不同栽培模式农户西瓜产量风险的影响也存在差异，设施栽培模式在灌溉配套设施方面具有优势。

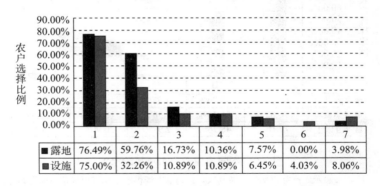

图 7-3　不同种植模式农户产量风险来源

注：1 表示气候自然灾害，2 表示病虫害，3 表示灌溉条件，4 表示不精通
种植技术，5 表示农资质量问题，6 表示政策变动，7 表示其他。

市场价格波动大是两类种植模式中农户选择比例最高的，其次是市场信息来源，露地种植的农户选择市场信息来源的比重

（62％）远高于设施种植的（41％）（图 7-4），说明露地种植的农户在市场信息获取能力方面较设施种植农户弱，同时也可能是露地种植的西瓜面临集中上市，供求信息变化快，对销售的影响大。而设施种植的农户因为错开了销售高峰季节，其市场信息、市场价格、销售渠道比较稳定，对销售的影响较小。露地种植模式的农户选择省外西瓜供给影响的比例高于设施西瓜种植的农户，再次印证了前文提到的设施种植能错开集中上市时间，具有分散市场风险的作用。

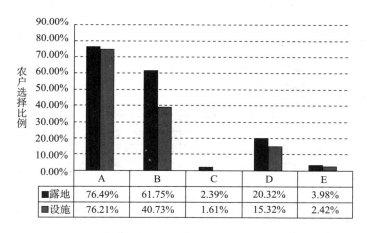

图 7-4 不同种植模式农户市场风险来源

注：A 表示农产品市场价格波动大，B 表示市场供求变化（市场信息来源），C 表示销售流通困难，D 表示省外西瓜供给影响，E 表示其他水果的影响。

7.2.4 不同地区农户生产经营风险来源

从不同地域来看，气候等自然灾害依然是对农户产量风险影响最普遍的因素，病虫害其次。西瓜病虫害种类多样，其发生程度与地域性和栽培制度密切相关。北方地区以小型吸汁类害虫为主，常发于棚室瓜田中；南方地区害虫发生种类较多，黄守瓜、瓜实蝇、瓜绢螟危害比较严重（赵延昌等，2014）。从图 7-5 也可见病虫害发生的地区差异性。湖北的瓜农选择产量风险的比例，明显高于河南和山东。西瓜种植这可能与灌溉方式的差异湖北瓜农的灌溉条件引致的产量风险的比例也远高于河南和山东。河南和山东 90％以上的农户西瓜灌溉水源来自于井水，而湖北农户西瓜种植的灌溉来源以河道沟渠为主（占 55％），自来水和井水为辅（表 7-6），河道沟渠水源供给的稳定性较井水差，灌溉条件不稳定对产量风险影响较大。

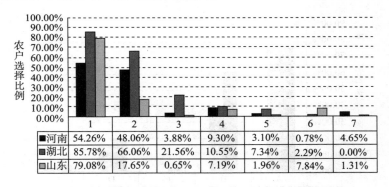

	1	2	3	4	5	6	7
■河南	54.26%	48.06%	3.88%	9.30%	3.10%	0.78%	4.65%
■湖北	85.78%	66.06%	21.56%	10.55%	7.34%	2.29%	0.00%
□山东	79.08%	17.65%	0.65%	7.19%	1.96%	7.84%	1.31%

图 7-5　不同地区农户西瓜产量风险来源

注：1 表示气候自然灾害，2 表示病虫害，3 表示灌溉条件，4 表示不精通
种植技术，5 表示农资质量问题，6 表示政策变动，7 表示其他。

价格变动大是不同地区农户选择比例最高的市场风险因素，且选择比例相差不大，说明市场价格波动对农户的影响具有普遍性和广泛性。其次是市场信息来源因素，但不同省份的比重差异较大，山东的比重最低，湖北的比重最高，是山东的 2 倍多。笔者在三个省份的调研中发现，地区间获取市场信息方面的差异较大，山东调研地区是西瓜产业化市场流通建设较好的地区，西瓜运输、批发等流通环节专业化分工细化趋势明显，西瓜经纪人等中介组织数量多，经纪人信息灵敏，经纪人在市场信息传递和销

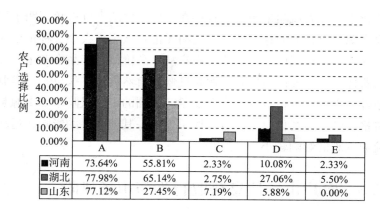

图 7-6　不同地区农户市场风险来源

注：A 表示农产品市场价格波动大，B 表示市场供求变化（市场信息来源），
C 表示销售流通困难，D 表示省外西瓜供给影响，E 表示其他水果的影响。

售中发挥了重要的作用。湖北有相当一部分农户是自行零售，山东农户大多是通过经纪人批量销售。另外湖北瓜农选择受省外供应影响的比例远高于河南和山东，这与湖北所调查的农户样本大多采用露地种植模式有很大的关系，露地种植模式导致受周边省份露地西瓜上市影响大。需要指出的是，三个调查地区风险来源的差异只是相对的，主要的风险来源均比较普遍。

再次说明，某一风险来源选择比例的高低只是说明风险来源的普遍性，其比例高并不代表导致的风险大。比如农资质量，尤其是种子质量问题，一旦出现问题，对西瓜产量和品质造成的风险很大，但因为这种情况出现的概率很小，瓜农遇到种子质量的概率比较小，因此调查结果显示其风险来源选择比例不高。另外除了以上列出的市场风险，近年来，西瓜市场销售还出现了一些市场突发风险，例如某地出现有毒西瓜事件，经过网络散播迅速，无毒安全西瓜的销售也受到冲击，出现滞销。

综上所述，不同规模、不同种植模式、不同地区的农户从事农业生产经营风险来源，尽管存在差异，但从多维视角证明了风险来源具有很大的相似性，这说明无论是从规模大小、种植模式层面，还是地区层面上，我国农户从事高价值农产品农业生产经营所面临的主要产量风险来源是气候等自然灾害、病虫害、灌溉条件、不精通种植技术、农资质量。面临的市场风险主要来源是价格波动、市场信息，受省外西瓜供给、其他水果的影响、运输流通困难的影响较小。

7.3　农户市场信息获取行为与市场风险

本章的农户生产经营风险来源分析结果显示，"价格波动大"是不同规模、不同地区、不同种植模式农户选择比例均最高的市场风险来源选项。价格波动大是西瓜农户面临最普遍、最突出的市场风险。随着我国市场化改革和经济全球化进程的加深，市场的不确定性空间将进一步扩大，农业"小生产"与"大市场"的矛盾将进一步激化。市场风险对农业生产经营的影响会逐渐成为农业风险的主要因素。基于市场风险在西瓜生产经营风险中的普遍性和广泛性，本节将专门针对农户的市场风险进一步细化分析，寻找农户经营行为特征与市场风险间可能的联系。

竞争机制是市场经济最基本的运行机制，而信息则是生产经营活动和市场竞争的先导，市场竞争在一定程度上是信息的竞争。随着信息技术的快速发展和应用，信息在农产品销售中的重要性逐渐凸显。市场风险在很大程度上与市场销售信息有关，信息不对称、信息失真等问题是引起价格大幅波动，供需失衡等问题。前文的分析得知农户市场风险中最突出、最普遍的风险是市场价格的大幅波动，因此我们将农户的销售价格波动作为市场风险的代理变量，来研究市场风险与销售信息获取之间的关系。

我们利用箱线图观察不同地区农户销售价格差异及农户销售

价格①与销售信息获取来源的多样性与否的关系。从农户西瓜销售价格与销售信息获取来源的多寡的箱线图（图 7-7）大致可见，它们之间呈负向关系，也就是说，销售信息来源渠道多的农户销售价格反而低。不同地区间价格差异比较明显（图 7-8）。我们从不同地区的农户西瓜销售均价来看，河南、湖北、山东调查地区的农户西瓜每千克销售均价依次为 1.356 元（标准差 1.240）、1.810元（标准差 1.124）、2.512 元（标准差 0.648）。山东地区的农户西瓜销售均价最高，且该地区农户间的售价差异也是最小的；河南地区农户的销售价格最低，且农户间的差异也是最大的；湖北地区被调查农户的平均销售单价介于二者之间，波动幅度也介于二者之间。虽然对市场风险来源分析结果显示，不同地区农户对市场风险来源关于"价格波动大"的选择比例比较接近，这只是证明了市场风险来源的普遍性，不同地区农户市场风险来源感知具有趋同性，但实际所承受的市场风险的大小可能存在较大差异。

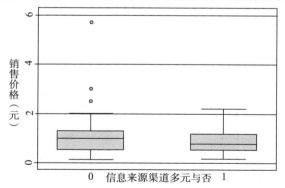

图 7-7 销售信息获取来源多元化与销售价格

---

① 此处的农户销售价格是西瓜销售量最大批次的价格，因为西瓜本身的特殊性，有的农户并不是一次性售完，而是销售多次，比如在湖北调地区的农户有销售十多次的记录，有时候不同销售批次的销售价格差异很大，为了数据分析的方便，此处利用销量最大批次的价格。

虽然描述性统计可以看出农户销售价格与农户信息获取行为之间的大致关系，但是统计描述分析无法控制地区差异、农户特征等因素的影响，因此还需用计量经济方法定量分析农户信息获取行为对市场风险的影响。一般意义上讲，农户是市场价格的接受者，但现实是高价值农产品由于产品质量、收获时间、运输成本等方面差异明显，完全竞争假设并不成立，农户的销售价格存在较大差异。由于高价值农产品本身的特殊性和市场价格波动的频繁性，在农户作为市场价格接受者的情况下，仍能通过调节销售渠道、组织方式等来获得较高的销售价格或者稳定的销售价格，以此作为规避市场风险的手段之一。

本书用农户销售价格与其销售均值离差的绝对值作为衡量价格波动的变量，由于农户销售价格与销售方式、信息获取可能存在内生性，本书的农户销售价格采用的是滞后一期的销售价格。

核心解释变量为农户销售信息获取来源种类数，其他控制变量为种植模式、户主年龄、经营规模、组织化程度、社会资本（家里是否有人是村干部、党员、经纪人、合作社负责人）、市场距离（距离最近批发市场的距离）、销售方式、种植经验等变量。数据来源及基本情况介绍见第7.3节。本节农户销售信息与市场风险的回归模型中没有放入教育水平变量，因为教育水平可能与信息获取能力高度相关。

本节利用STATA 13.0软件，采用普通最小二乘法（OLS）估计农户销售信息获取对市场风险的影响。表7-6报告了农户销售信息获取与市场风险的回归结果，其中模型1是全部变量的回归结果，模型2是去掉不显著变量后回归的结果，模型1与模型2主要变量的显著性和方向均一致，说明模型稳健。

表7-6中的关键变量显著。农户信息获取来源种类数变量与农户价格波动在1%的显著水平上呈负向影响，表明销售信

息获取来源的多元化并没有降低市场价格波动的风险。这与对农户信息获取行为分析结果"农户获取的销售信息质量低"相呼应。信息来源越多，对农户市场信息分析和分辨能力的要求越高。目前调查地区农户的信息获取来源渠道虽高达 8 类，但获得农民认可度较高的信息主要来源于本地市场信息平台，说明现有获取的多元化销售信息质量不高。西瓜属于易腐的时令瓜果，需求弹性大，市场对供求的变化非常敏感，信息变化快，多渠道的信息搜寻匹配过程繁杂而缺乏效率，信息搜寻成本较高。

市场距离对农户销售价格波动有显著负向影响。距离市场越远，销售价格波动越小。栽培方式对销售价格波动影响显著为正，也即设施栽培西瓜的销售价格相对于露地栽培西瓜的销售价格波动更大，设施栽培大多属于反季节栽培，能提前或延后上市，其销售价格一般要高于露地栽培的价格。露地栽培的西瓜销售一般面临着集中上市压力，市场竞争比较激烈，农户随行就市情形下销售价格趋同；地区变量对销售价格波动影响显著，山东地区的被调查农户相对于河南被调查地区的农户销售价格波动小。

表 7-6　农户销售信息获取行为对市场风险的影响估计结果

变　　量	模型 1		模型 2	
	系数	标准误	系数	标准误
销售信息获取来源种类数	−0.050***	0.015	−0.047***	0.014
销售方式	0.031	0.051		
市场距离	−0.022**	0.01	−0.023**	0.009
社会资本	0.058	0.073		
组织化程度（合作社）	0.003	0.049		
栽培方式	0.177***	0.062	0.183***	0.049

（续）

变　量	模型 1		模型 2	
	系数	标准误	系数	标准误
西瓜经营面积	0.032	0.028		
种植年限	−0.019	0.045		
户主年龄	−0.109	0.114		
户主风险态度 2	0.026	0.043		
户主风险态度 3	0.005	0.062		
家庭人口规模	−0.005	0.016		
地区 2	0.031	0.065	0.04	0.048
地区 3	−0.318***	0.098	−0.304***	0.061
常数项	0.957**	0.445	0.544***	0.042
R^2	0.133		0.115	

注：***、**分别表示在 5%、1%水平上显著。农户销售价格采用滞后一期的价格。

7.4　农户风险规避对策选择行为

　　风险对农业生产效率和农业增长影响巨大，如上文所述，从事市场化、专业化农业生产经营的农户风险来源较传统农业经营的农户风险来源更加普遍，尤其要承受更高的市场风险。由于经营规模和地域的差异，不同规模、不同地区的农户对生产经营风险的认知行为有显著差异。农户会采取哪些对策来规避风险？不同地区、不同规模、不同种植模式的农户对常规风险规避对策的选择是否存在不同的偏好和差异？分析农户风险规避策略意愿或偏好，有利于帮助农户弱化风险对策的针对性、可行性和适应性。本节从不同规模、不同地区、不同种植模式的视角分析农户采取风险规避措施与农户风险规避行为的特征。

7.4.1 总体情况

针对农业生产经营中存在的风险因素，在调查问卷中设计了包括农户自身及外部力量两个层面常用的风险弱化措施。这些常用措施分别为"参加农业保险""提高自身种植技术""参加果农协会""加入公司＋农户模式""引进新品种""了解更多的市场信息""多元化生产（套种）"。总体数据结果如图 7-8 所示。

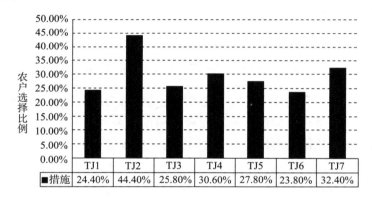

图 7-8　农户西瓜生产经营风险管理对策

注：TJ1～TJ7 依次表示：参加农业保险、提高种植技术、参加果农协会、
加入公司＋农户模式、引进新品种、更多了解市场信息、套种。

从主产区调研的实际情况来看，农户主要采用两类风险规避行为：一是通过提高自身生产经营管理能力规避风险。这类措施主要包括："提高种植技术"、"更多了解市场信息"、"引进新品种"、"多元化种植"。通过"干中学"，如参加培训，向周边种植经营技术高的农民学习，不断提高自身生产管理的精细化水平，调整生产经营模式（如套种）；搜集更多的关于生产经营管理中投入要素价格、科技、市场需求信息等，以便做出既有条件下的最优化生产经营决策，降低生产经营风险。二是借助外部力量规避生产经营风险。这类措施主要包括"参加农业保险"、"参加果农协会"、"加入公司＋农户模式"。

总体上看，农户普遍对"通过学习提高技能"规避风险有较高的认可度，在所有策略选择中占比最高，其他风险规避策略占比从高到低依次为"多元化经营"、"从事公司＋农户生产模式"、"引进新品种"、"加入瓜菜协会或合作组织"、"参加农业保险"、"更多了解市场信息"（图 7-8）。农户风险规避措施可能是单独某一种，也可能是多种策略的组合。总体上呈现出通过提高自身经营管理能力来规避风险为主，以借助外部力量为辅的特征。

7.4.2 不同经营规模农户风险规避策略选择行为

不同经营规模农户风险规避措施选择行为既有同质性又有差异性（图 7-9）。同质性是指三种规模的瓜农对各种规避风险措施选择的比例大致相同，即对同一种风险规避措施选择比例相差不大，不同规模农户对各种风险规避措施的选择趋同，农户风险规避行为具有趋同性。另外，三种规模农户选择"通过学习提高种植技术""了解市场信息""多元化种植"措施的排序一致，表现出不同规模农户风险规避策略选择的同质性。

在趋同性下，不同规模又呈现出一定的差异性。比如，中规模和大规模农户选择"公司＋农户模式""参加农业保险"的比重都高于小规模农户，表现出随着经营规模的增加寻求提高组织化程度规避风险的需求越高；选择"多元化经营"的比重随着经营规模的增加而降低，呈现出规模较大的农户种植专业化趋势明显。而小规模农户更多的通过多元化种植来分散风险；选择"引进新品种"的比重随着经营规模的增加而降低，较大规模农户在引进新品种时会更加谨慎，而较小规模农户在采用新品种上更加冒险。不同规模农户在进行风险规避策略选择时既表现出"羊群效益"的行为特征，又表现出各自约束条件下的理性差异选择。

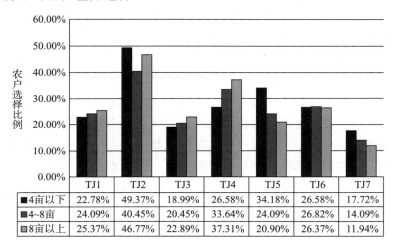

图 7-9　不同规模农户农业生产经营风险管理对策

注：TJ1～TJ7 依次表示：参加农业保险、提高种植技术、参加果农协会、加入公司＋农户模式、引进新品种、更多了解市场信息、套种。

7.4.3　不同地区农户风险规避策略选择行为

不同地区农户生产经营风险规避的途径存在较大差异。湖北地区瓜农选择"参加农业保险"的比重在三个地区中最高，为59.63％，且此途径也是湖北农户其他措施中占比最高的选项。其他途径选择比例从高到低，依次为"采用公司＋农户生产经营模式""了解更多的市场信息""提高种植技术""加入瓜菜合作社或协会""引进新品种""与其他作物间作套种"。河南地区农户风险规模途径选择比重从高到低依次为"提高种植技术""采用公司＋农户生产经营模式""参加农业保险""引进新品种""加入瓜菜合作社或协会""了解更多的市场信息""与其他作物间作套种"。山东地区农户风险规避途径选择比重从高到低依次为"提高种植技术""采用公司＋农户生产经营模式""加入瓜菜合作社或协会""引进新品种""了解更多的市场信息""参加农业保险""与其他作物间作套种"。

河南和山东均是西瓜生产大省，2014 年西瓜产量在全国分别排名第一、第二，这些地区的农户对通过"提高自身种植技术"来规避风险表现出一致性，说明这两个地区非常重视生产经营技术，对通过提高技术来规避风险表现出较高的信任度和偏好。在对"公司＋农户模式"的选择上，三个地区农户表现出一致性，其选择比例均排在第二位。说明农户对利用"公司＋农户模式"来规避风险需求的普遍性和迫切性。湖北、河南、山东的农户选择比例分别为 41.3％、26.4％、24.8％。河南、山东农户选择"加入协会或合作社"的比重不足 20％。调研中有农户反映合作社"卖羊头挂狗肉"，有些合作社纯粹是为了圈钱和骗钱，对农民的生产经营没有什么实质性的帮助。

将"多元化经营（套种）"作为风险规避策略的统计结果显示（图 7-10），山东省最低，仅占 3.3％，湖北、河南分别为 13.18％、16.51％。这种选择结果与种植模式有很大的关系，露地、设施种植农户选择套种作为风险规避策略的比例分别为 27.09％、3.21％。绝大多数农户选择套种是在露地栽培模式下套种，露地栽培且套种的农户占总套种农户比例高达 82.31％。山东的被调查农户以设施种植为主，而河南和湖北的被调查户以露地种植为主。河南被调研农户的套种比例高达 79.07％，湖北为 59.63％，山东为 18.30％。山东昌乐地区农户西瓜的专业化种植程度很高，大部分农户将自有或租入的土地全部种植西瓜，种植模式大多为：春季西瓜＋秋季蔬菜，有少数农户春秋两季全部种植西瓜，西瓜种植的专业化程度很高；河南省近年来在通许、尉氏等粮食主产县大面积推广"小麦-西瓜-辣椒-玉米套种模式"。

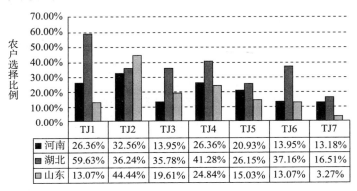

图 7-10　不同地区农户农业生产经营风险管理对策

注：TJ1～TJ7 依次表示：参加农业保险、提高种植技术、参加果农协会、加入公司＋农户模式、引进新品种、更多了解市场信息、套种。

　　值得注意的是，河南农户套种的例高于湖北农户的套种比例，但在将套种作为风险规避措施选择的时候，湖北的比例反而高于河南，这可能与农户对套种功能的认知差异有关，在本书的调研问卷中也设计了"套种的原因"一问，备选项有：克服连作障碍、分散种植风险、增加收益、其他。数据统计结果前三个选项的比例依次为 14.23％、12.36％、69.66％，可见大多数农户是将套种作为一种增加收益的方式，首要目的并不是为了规避风险。在过去，套种（间作）被视为农民在生计安全和经济效率之间加以权衡的典型案例（艾利斯，1993），Norman（1974）证明了间作有很多优点，而间作带来的产量保障只是其中一种。也即间作可以保证农产品产量或收入达到一定水平的优点，与规避风险有关，其他大部分优点与生产效率有关。间作既符合最大利润标准，也符合产量保障标准，所以风险规避策略并不必然与效率标准相对立。

7.4.4 不同种植模式农户风险规避策略选择行为

不同种植模式的农户风险规避措施选择行为呈现出差异性。露地种植模式农户选择"公司＋农户模式"（TJ4）、"了解更多的市场信息"（TJ6）、"套种"（TJ7）的比重远高于设施种植的农户。这种风险规避策略选择的差异性，进一步也验证了露地种植模式的农户面临着更广泛的市场风险，因此会对市场方面的风险规避措施需求更高。设施种植的农户相对露地种植农户在市场销售方面具有优势，表现出选择"提高种植技术"（TJ2）和"农业保险"（TJ1）的比重略高于露地种植的农户。

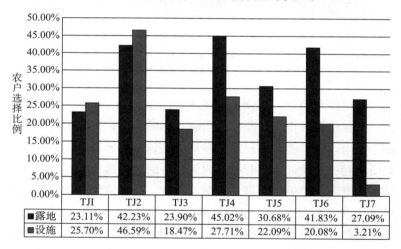

	TJI	TJ2	TJ3	TJ4	TJ5	TJ6	TJ7
■露地	23.11%	42.23%	23.90%	45.02%	30.68%	41.83%	27.09%
■设施	25.70%	46.59%	18.47%	27.71%	22.09%	20.08%	3.21%

图 7-11　不同栽培模式农户风险规避措施选择

注：TJ1～TJ7 依次表示：参加农业保险、提高种植技术、参加果农协会、加入公司＋农户模式、引进新品种、更多了解市场信息、套种。

除了以上农户采用比较普遍的一些风险规避措施外，还存在其他一些比较特殊的风险规避措施。例如，农户通常在村内或邻村的农资店赊欠农药、化肥，其中有一部分农户并不是因为缺乏资金而需要赊账，而是以赊账的方式来防范假农药、假化肥，如果出现假种子、农药、化肥，就不给卖家账款，以此作为一种风险补救措施。

7.4.5 农户采用新品种规避行为

拥有适应市场需求、抗性强的优良新品种是保证西瓜产量和收益的基础，西瓜品种的选取在很大程度上决定其产量和收益及风险的大小。优良新品种在抗病虫害、抗逆性、优质、丰产、熟期、外观好、耐储运等方面具有某一种或多种优势，不同的西瓜品种地区适应性和栽培模式的适应性差别很大。可以说选择适宜优良新品种能同时规避产量风险和市场风险，是一种源头的风险规避措施，如果种子品质不好或出现问题，其他风险规避措施，如农业保险、学习培训提高种植技术、加入合作社、公司＋农户生产模式、更多的了解市场信息等也只是一种事后的补救，或者为下一季生产风险规避积累经验。

基于新品种在农户西瓜生产经营风险规避中的重要地位，本节把采用新品种作为一种风险规避对策来分析。据不完全统计，目前全国共审定西瓜品种 1 142 个（包括已退出品种）。从表 7-1 可知全体样本农户西瓜种植年限为 16.6 年，表明调查地区农户种植经验较丰富，生产经验中包括新品种选择的经验。从表 7-8 可以看出，不同经营规模瓜农对新品种的采用意愿较高，三种规模的农户愿意选择新品种的比例均在 78％以上[1]。这与前文分析

---

[1] 本研究三种规模类型农户采用新技术新品种的比例高于有关研究纯粮食种植户，也高于多年生林木水果种植户。因为西瓜新品种投入和产出边际高于粮食种植业，同时西瓜因为生长周期短，较于多年生果品种植，在选择新品种失误的风险相对低（如：李岳云等．不同经营规模农户经营行为的研究．中国农村观察，1999（4）：39-45；屈小博．不同经营规模农户市场行为研究——基于陕西省果农的理论与实证．杨凌：西北农林科技大学，2008）。

的优质新品种在西瓜生产经营中的重要性相一致，农户多年的种植经验，认识到适宜的新品种对规避风险、保障产量和市场的重要性。意愿采用新品种的农户中，中等规模农户比例最高，达86.4%，小规模和大规模农户的选择比例大致相当，三组样本规模农户的列联表卡方检验结果没有拒绝原假设，说明三个规模组样本农户对新品种采纳意愿差异在统计上不显著。这与速水佑次郎和拉坦（2000）的结论"总体来讲，小农场和大农场以同等速度采用新品种，且在效率方面取得同样的收获"的结论有相同之处。

表 7-7　不同规模瓜农采用新品种意愿

是否引进新品种	4 亩以下	4~8 亩	8 亩以上	合计
愿意	62（78.48%）	190（86.36%）	167（83.08%）	419
不愿意	17（21.52%）	30（13.64%）	34（16.92%）	81
合计	79	220	201	500

注：pearson chi2（2）＝2.782，Pr＝0.248；括号内为占该类型样本户的百分比。

不同地区农户采用新品种的意愿存在显著差异。列联表卡方检验结果（$\chi^2＝12.45$，p＝0.002），表明农户采用新品种意愿存在显著的地区性差异。山东地区的比例最高，约90%的农户选择愿意采用，湖北省的比例为85%，河南最低为74%，低于全体样本的占比。山东省西瓜生产专业化程度高，种植经营技术成熟。在调查中发现在河南、湖北地区有的农户或合作社雇请来自山东的西瓜技术员来进行技术指导，这也说明山东地区农户的西瓜生产技术水平高。这种跨区域的技术指导员的聘用实际上是技术的跨地区扩散，是农业技术专业化传播的表现。这也证明了小农会对技术和市场需求变化引起的新的利润机会做出反应，他们的资源配置是有效率的。

表 7-8　不同地区瓜农采用新品种意愿

是否愿意采用新品种	河南	湖北	山东	合计
愿意	96 (74.42%)	186 (85.32%)	137 (89.54%)	419
不愿意	33 (25.58%)	32 (14.68%)	16 (10.46%)	81
合计	129	218	153	500

注：pearson chi2（2）= 12.45，Pr = 0.002；括号内为占该类型样本户的百分比。

采用新品种作为一项规避风险措施，瓜农对此措施有较高的采用意愿。但采用新品本身也存在一定的风险。因为环境因素对农业生产有决定性影响，这种风险有可能来自新品种对气候土壤等环境不适应、不懂新品种种植技术等。可见，采用新品种作为一项规避生产经营风险对策并不能绝对地规避风险，这有可能正是前文统计结果显示的部分农户不愿意采用新品中的重要原因之一。除了从农民本身从风险厌恶、保守角度去分析之外，我们需要进一步分析农户为什么不愿意采用新品种和采用新品种有哪些顾虑，这对新品种培育研发的科研工作者和新品种推广者等具有很重要的参考意义。

表 7-9　不同规模农户采用新品种的风险担忧情况

类型	4 亩以下	4～8 亩	8 亩以上	全体样本户
不懂新品种种植技术	28 (35.44%)	66 (30.00%)	73 (36.32%)	167 (33.40%)
市场价格难以预测	41 (51.90%)	105 (47.73%)	121 (60.20%)	267 (53.40%)
销售渠道不畅	21 (26.58%)	60 (27.27%)	67 (33.33%)	148 (29.60%)
储藏运输困难	3 (3.80%)	9 (4.09%)	5 (2.49%)	17 (3.40%)
其他	0 (%0)	23 (10.45%)	12 (5.79%)	35 (7.00%)

注：括号内为占该规模组样本户的百分比。其他担忧主要指采用新品种可能会在生产资料及劳动用工方面增加投入。

表 7-9 显示了不同规模农户采用新品种的主要风险担忧情况。农户采用新品种的主要风险有不懂新品种种植技术、市场价格难以预测、销售渠道不畅、储藏运输困难等。不同规模瓜农对采用新品种的风险担心情况具有趋同性，其选项的占比排序与全体样本的排序一致。从全体样本来看，担心市场价格难以预测比重最高，达 53.4%；其次是担心不懂新品种种植技术，达 33.4%；紧接着是担心销售渠道不畅，达 29.6%；对储藏运输困难的担忧较小，仅 3.4%，被调研地区的农户运输交通状况都比较好，几乎不存在运输困难；其他担忧仅占 7.0%。这进一步证实了，西瓜生产经营农户普遍面临市场风险，与前文风险来源总体分析的结论一致。

技术创新与采用行为，首要考虑的是是否符合市场需求。三类规模组中，大规模组瓜农对新品种市场价格的担忧占比最大，为 60.2%，大于中等规模组瓜农的 47.73% 和小规模组瓜农的 51.90%。从整体上看，较大规模组瓜农对"不懂新品种种植技术""市场价格难以预测""销售渠道不畅"的担忧在三类规模组中的比例均最高，这也说明较大规模农户面临着更高的风险。较小规模组的瓜农对采用新品种的顾虑小于较大规模组，但大于中等规模组（较小规模和中等规模在销售渠道不畅方面的担忧接近）。整体上看中等规模瓜农可能更易于接受新品种，对采用新品种风险顾虑相对较小。

值得说明的是，在调研访谈中发现，有少部分农民不愿意采用新品种，并不是因为思想保守，担心有风险，而是农民认为目前使用的西瓜品种已经是最新的，且获得了市场认可，消费者比较喜欢，有一定的固定消费群。比如有的农民反映自己种的是特殊品种，除了可以普通食用，还可以用来专供大型酒店作为雕刻装饰用，销售渠道比较稳定，市场上竞争者也少，因此不愿意采用新品种。

7.5 本章小结

本章根据农户风险行为理论，以河南、湖北、山东西瓜主产区农户调查数据为基础，从不同规模、不同地区、不同种植模式的角度统计描述分析了西瓜生产经营过程中的主要风险来源。然后基于农户生产经营风险来源的分析结果——市场风险对农户高价值农产品生产经营的影响具有普遍性和广泛性，对农户市场风险与农户信息获取行为进行计量实证分析，寻找农户市场信息获取行为与市场风险间的联系。最后对农户风险规避策略选择行为从不同规模、不同地区、不同种植模式的角度进行统计描述分析。结果表明：

（1）不同规模高价值农产品农户对农业生产经营风险的主要来源认知趋同。高价值农产品农户生产经营所面临的主要风险来源为气候等自然风险、病虫害等产量风险以及价格大幅波动、市场信息可获得性等市场风险。市场风险已经超过产量风险成为高价值农产品生产经营中最主要风险来源。

（2）不同地区农户对西瓜生产经营风险认知存在差异，生产专业化程度越高、集聚度越高、市场越发达地区农户面临的市场信息风险越小。生产种植越分散、产业聚集度越低的地区农户面临更高的生产经营风险。

（3）计量回归分析结果表明，农户销售信息来源多元化对农户市场风险（销售价格波动）影响显著，但没有起到积极作用。不同地区市场价格波动风险存在显著差异，专业化程度越高，生产集聚度越高的地区市场价格波动风险越小。栽培方式对农户市场价格波动风险影响显著，设施栽培农户面临着更高的市场价格波动风险。

（4）农户普遍倾向于以提高自身经营管理能力作为规避风险

策略的首选，将借助外部力量规避风险作为次要辅助策略。农户对借助外部力量弱化农业生产经营风险需求强烈，但目前外部力量对于帮助农户规避风险的作用微弱。农户高价值农产品经营规模越大，寻求通过提高组织化程度规避风险的意愿越强烈；经营规模较大的农户更倾向通过提高经营的专业化水平专规避风险，而经营规模较小的农户更倾向于通过多元化种植来降低生产经营风险；不同地区农户生产经营风险规避策略选择存在明显的差异，西瓜产业越发达地区的农户越偏好通过提高自身生产经营水平来规避风险；不同种植模式农户的风险规避策略选择存在明显差异，露地种植的农户更偏向于选择市场风险规避措施，设施种植农户倾向选择产量风险规避措施。

（5）不同规模农户新品种的采用意愿差异在统计上不显著；农户新品种采用意愿存在显著的地区性差异。农户采用新品种规避风险的担忧主要表现为不懂新品种种植技术、市场价格难以预测、销售渠道不畅三个方面。

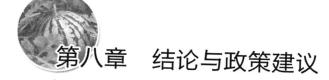

第八章　结论与政策建议

　　本书在借鉴已有研究成果的基础上，构建了农户生产经营行为分析框架，利用西瓜主产区农户调查数据，分析了农户主要生产经营行为特征及其影响因素。本研究结果表明，不同规模、不同地区、不同种植模式的农户在西瓜生产技术效率、农产品销售行为、风险认知与规避行为等方面存在一定的差异。目前我国西瓜生产以分散的农户家庭经营为主，西瓜作为高价值农产品的代表之一，其生产专业化、市场化倾向明显，但"小生产"与"大市场"矛盾突出，农户市场微观行为特征最终体现为农业绩效和农业市场竞争力。农业作为天生的弱质性产业，不能仅靠市场力量来推动，需要政府政策支持、制度创新来解决农户农业市场经营的要素约束和市场约束，提高农户的市场竞争力。

8.1　主要研究结论

　　（1）农户种植意愿关系到西瓜产业的可持续发展问题，决定了中国西瓜产业未来的发展方向和前景。本书第四章以中国主产区西瓜种植户的微观调查数据为基础，对农户种植西瓜的动因和种植规模调整的原因进行了分析，并利用 Logit 模型实证分析了农户西瓜种植意愿，研究结果表明：

　　第一，农户西瓜生产是以市场为导向的商品性生产经营行为，进入及结构调整都是基于自身资源禀赋及预期收益的理性决策。目前农户西瓜种植决策及调整中的首要制约因素是劳动力问题，其次是比较效益趋降、技术制约、市场价格波动大。不同地区农户采用设施种植西瓜的首要制约因素是资金约束。农户分化将促使高价值农产品的生产向文化程度高、市场营销能力强的农户集中，高价值农产品生产将进一步向专业化、市场化、规模化方向发展。

第二，农户西瓜生产行为存在较大的区域差异性。种植品种、种植模式存在地域性差异，但对先进技术的采用具有趋同性。

第三，农户种植意愿计量实证分析表明，农户调整高价值农产品种植决策行为很大程度上取决于农户的风险态度，农户风险偏好水平越高，扩大种植的可能性越高；农户禀赋因素中户主受教育年限、家庭人口规模、西瓜收入占家庭总收入的比重、参加培训、物质资产专用性对农户扩大高价值农产品种植有显著正向影响。上期播种面积、户主年龄对农户扩大高价值农产品种植决策有显著负向影响。市场因素对农户高价值农产品扩大种植具有正向激励作用。

（2）农户生产技术效率是农户生产行为的集中体现，能集中反映农户生要素的投入绩效，是农户参与市场竞争的行为特征之一。本书第五章基于西瓜主产区的农户调查数据，利用异质性随机前沿模型对农户西瓜生产的技术效率进行了测算，并将农户生产技术效率与农户经营规模、种植模式、地区差异进行关联分析。最后进一步对影响农户技术效率损失的关键影响因素进行了分析。结果表明：

第一，经营规模与农户生产技术效率呈倒 U 形关系。即中等经营规模农户的技术效率大于大规模农户和小规模农户，全体样本户生产技术效率平均值为 80.3%，在现有技术和生产要素投入下农户技术效率提升的空间较大。

第二，在三组经营规模样本中，受教育水平、种植经验、务农劳动力人数对农户生产经营的技术效率有显著正向效应。西瓜经营面积占家庭经营面积比重变量对农户生产技术效率有显著负向影响。信贷可获得性、栽培模式、市场距离对不同规模组样本农户的影响存在差异：信贷可获得性对提升中等规模农户生产效率有显著影响。市场距离对大规模组样本农户的生产效率有显著的抑制作用。

第三，农户生产技术效率存在显著的地区差异。山东地区样本农户的西瓜种植技术效率显著高于其他区域农户的技术效率，山东地区样本农户的技术效率均值最高，河南地区的其次，湖北地区的最低。

第四，不同种植模式农户技术效率存在显著差异，设施种植农户技术效率显著高于露地种植农户技术效率。采用设施栽培模式能显著提升中等规模组样本农户的生产技术效率。采用间作生产模式能显著提高大规模组样本农户的生产效率。

（3）农户参与农产品市场流通与竞争的销售行为是高价值农产品生产经营行为的重要体现。是农户市场化、专业化经营行为目标实现的重要行为选择。第六章从交易成本视角分析了农户销售行为及其影响因素。主要结论如下：

第一，不同规模农户市场信息获取主要来源趋同，基本局限于本地市场来源，现代化信息获取手段开始出现。农户对不同来源信息的认可度存在差异，农户对本地市场获取信息来源可靠度评价相对较高，对传统媒介和互联网等现代信息来源信息的认可度较低。政府、农业协会和农民合作组织在为农户提供有效市场信息来源方面作用微弱；种植户受教育程度、西瓜经营规模、是否是瓜菜协会或合作组织成员与其西瓜销售信息获取来源多样与否存在正相关关系；不同地区西瓜销售信息获取来源存在显著差异，不同地区农户获取市场信息的行为差异集中体现在生产专业化、集聚度越高的地区，农户在市场信息的稳定性和销售渠道的稳定性上更有保障，农户市场信息搜寻、辨别成本更低。

第二，目前，农户西瓜销售主要借助"经纪人""收购、运销商贩""农户市场"等直接流通模式进行交易，而瓜菜协会或合作社、"公司＋农户"、批发市场等间接途径并不是农户销售高价值农产品的主要渠道。不同规模和不同地区农户的主要销售渠道存在差异，小规模农户更倾向于"农户市场"的直接流通模式，而规模越大的农户越倾向于通过"经纪人"和商贩等中介进行销售。生产专业化程度的提高和经营规模的扩大将促使农产品销售方式由纯粹的市场交易方式向市场分工协作方式转化。专业化、市场化程度越高的地区，农户销售渠道越稳定，销售渠道越集中。

第三，基于 Logit 模型的计量分析结果表明，交易成本对农户交易方式选择影响显著，反映信息成本的不了解市场信息对销售的影响程度变量对农户选择自行销售方式有显著正向影响；反映谈判成本的自行销售同等级西瓜相比于通过中间商销售的价格差异变量和对西瓜等级认定差异变量对农户选择自行销售方式有显著负向影响；反映执行成本的农户到最近农产品市场的距离变量和结算方式对农户选择自行销售方式显著负向影响；生产特征和社会特征对农户销售行为影响显著，农户个人特征对销售行为影响不显著；经营规模对农户选择自行销售方式呈显著负向影响；栽培方式对农户销售方式选择有显著负向影响。种植年限对小规模农户销售行为影响显著，但对大规模农户影响不显著。合作社对不同规模农户销售行为的影响差异显著，对小规模农户销售方式选择影响显著，对大规模农户影响不显著，合作社的销售服务能力薄弱。

（4）农业生产经营中广泛存在着各种各样的不确定性，对农户的生产经营行为进行研究时，必须考虑风险因素。本书第七章根据农户风险行为理论，以农户调查数据为基础，从不同规模、不同地区、不同种植模式的角度分析了农户高价值农产品生产经营过程中的主要风险来源，基于市场风险在西瓜生产经营中的普遍性和广泛性和销售信息的重要性，对农户市场风险与农户信息获取行为的关系进行计量实证分析，对农户风险规避策略选择行为进行了分析。分析结果表明：

第一，不同规模高价值农产品农户对农业生产经营风险主要来源认知趋同。高价值农产品农户生产经营所面临的主要风险来源为气候等自然风险、病虫害等产量风险，以及价格大幅波动、市场信息可获得性等市场风险。市场风险已经超过产量风险成为高价值农产品生产经营中最普遍的风险来源。

第二，不同地区农户对西瓜生产经营风险认知存在差异，生产专业化程度越高、集聚度越高、市场越发达的地区农户面临的市场信息风险越小。生产种植越分散、产业聚集度越低地区的农户面临更高的生产经营风险。

第三，计量回归分析结果表明，农户销售信息来源多元化对农户市场风险（销售价格波动）影响显著，但没有起到积极作用。不同地区市场价格波动风险存在显著差异，专业化程度越高，生产集聚度越高的地区市场价格波动风险越小。栽培方式对农户市场价格波动风险影响显著，设施栽培农户面临着更高的市场价格波动风险。

第四，农户普遍倾向于将提高自身经营管理能力作为规避风险策略的首选，将借助外部力量规避风险作为次要辅助策略。农户对借助外部力量弱化农业生产经营风险需求强烈，但目前外部力量对于帮助农户规避风险的作用微弱。农户高价值农产品经营规模越大，寻求通过提高组织化程度规避风险的意愿越强烈；经营规模较大的农户更倾向通过提高经营的专业化水平规避风险，而经营规模较小的农户更倾向于通过多元化种植来降低生产经营风险；不同地区农户生产经营风险规避策略选择存在明显的差异，西瓜产业越发达地区的农户越偏好通过提高自身生产经营水平来规避风险；不同种植模式农户的风险规避策略选择存在明显差异，露地种植的农户更偏向于选择市场风险规避措施，设施种植农户倾向选择产量风险规避措施。

8.2 政策建议

解决生产要素约束和市场需求约束是解决农业发展的两个核心问题。在生产层面，最佳规模是小家庭农场。在市场方面，销售本身也需要一定的规模经济效益。在"大市场"前，分散的小农户的收益容易被公司或商人支配。政府的作用是使用市场机制，激发农民通过市场获利的积极性，完善农业基础建设和农村公共物品投入，加强农业科研的推进和推广，为农户提供农业政策性保险或低息、无息贷款，保护小农利益。在国家的协调之下，让农民自愿组织独立自主的协会或其他农民利益团体，疏导市场信息，组织、指导生产和销售，增强市场谈判力。根据研究结果，本书从健全市场环境与制度等方面提出政策建议。

8.2.1 重视农户人力资本投资，多渠道提高农户素质

本书对农户种植意愿模型、随机前沿生产函数模型、农户信息获取行为列联表检验、农户销售行为模型的估计结果表明，农户人力资本（包括户主受教育水平、参加技术培训）对扩大种植意愿、农户生产技术效率、市场信息获取及甄别都显著正向影响，但调查地区农户人力资本存量仍然不高，抑制着农户最终市场化经营利润的获取。调查地区样本户主受教育年

限均值为 7.986 年，还未达到 9 年义务教育水平。农户低水平的人力资本，不利于农业科研技术的扩散及采用，制约了先进农业生产技术和管理技能的被采用率，面临更高的产量风险。同时也制约着农户进入市场的能力，限制了农户对信息的分析甄别及市场预测能力，增加了农户的市场风险。在我国农业市场化不断进程加深的背景下，无论是提高农户参与市场的竞争力、推进专业化、规模化经营能力，促进农民增收，还是引入现代生产要素促进传统农业改造升级，对农户人力资本投资都是行之有效的做法之一。

人力资本投资包括正规学校教育、在职培训、医疗保健等多种形式，对农户人力资本的投资不仅要重视学校正规教育的投入，也要重视技术培训、保健、市场经营管理能力提高等多方面的投入。

（1）正式的学校教育体系对人力资本建设至关重要，公共财政应致力于持续重视农村学校教育。在重视正式教育的基础上，采取灵活多样的培训方式提高劳动力人力资本水平。加大对农村地区农户技能培训投资，强化农业科研推广与应用过程中农户的培训，加强对新型农业技术的推广与普及。培训内容不局限对技能和技术的培训，更要加强对农户经营管理能力的学习与培训，增强农户的市场经营意识、市场需求预测与应变能力，提高农民应对风险的意识和能力，提高农户参与市场竞争的人力资本积累。

（2）进一步完善农村合作医疗制度，提高农村医疗和卫生保健的投资和服务水平。医疗保健是提高农户人力资本最基础的身体保障。高价值农产品具有劳动密集型属性，劳动强度大。对农民身体素质要求高。加强对农村卫生人员的专业培训，提高其服务农民的从业水平。同时完善农村社会保障体系，提高农户风险规避能力，为农村人力资本投资提供稳定的外部环境。

8.2.2 连接农户与市场，培育和完善多层次的农业市场服务组织

本书研究结果表明，农民合作组织、农业协会等中介组织对农户种植意愿、生产技术效率、农产品销售行为影响不显著，同时也不是农户规避市场风险的有效外部借助力量。目前，农户西瓜销售主要借助"经纪人""收购、运销商贩""农户市场"的直接流通模式进行交易，而批发市场、"公司＋农户"、瓜菜协会或合作社等途径并不是农户销售高价值农产品的有效渠道。培育和完善多层的农产品营销主体和服务组织，是降低交易成本和促进农业生产专业化的需要。具体建议：

（1）发挥农民合作组织、农民经纪人在生产、流通领域的中服务组织功能。政府在资金、政策上给予优惠与扶持，继续完善农民中介组织，明确合作中介组织的法人主体地位；强化和改进对农户合作中介组织的培训，提高农民合作组织的现代市场意识，提高其服务农户的水平和能力；重视和规范合作社、农民经纪人中介组织的发展，建立农民经纪人行业协会管理规范，防止中介组织的不规范行为损害农户利益；加强农民合作组织与外部组织机构的合作，提高农民合作的组织化程度。

（2）引导和鼓励社会资本参与高价值农产品生产产前、产中、产后服务环节的投资，引导商业资本与当地农民经纪人、农业合作社等的合作，提高农业服务的社会化服务水平。由于高价值农产品农户面临高市场风险，对市场流通要求较高，因此尤其要注意市场流通服务组织的培育和服务水平的提高。如对农村鲜活农产品冷链物流建设给予适当补助，扶持农村物流运销企业的发展；引导超市或龙头企业与农户开展合作产销。

（3）完善市场监管。尤其要加强对农资市场的监管，建立农资质量与价格的动态监测和信息发布机制，加大对经营伪劣农资

行为的处罚力度，防止假冒伪劣农资对农户利益造成的损害。重视交易主体之间的信誉和合作，保证交易的秩序，降低交易风险。

8.2.3 加强农业农村信息化建设和基础设施投资

农业农村基础设施条件是农户进行生产经营的基础。本书研究表明，农产品市场信息、道路交通运输状况等因素对农户西瓜种植意愿、农户销售方式选择等有重要影响。因此，加强基础设施建设和信息化建设，推进农业生产管理信息化、农村市场流通信息化、农业经营管理现代化，对降低农户交易成本，提高农户生产经营风险规避能力具有重要意义。

（1）加强对农田基础设施的投入。农业工程设施的建设对降低农业自然风险作用显著，如灌溉不仅是一种风险规避措施，而且对增产的作用也十分明显。大规模灌溉系统需要政府进行干预，对于私人能够投资的管井灌溉系统、河渠等，政府可适当给予节水灌溉设施的补贴；设施种植模式不仅可以降低生产的自然风险，而且也能在一定程度上降低市场风险。有条件的地区高价值农产品可将露地种植改为设施种植，政府给予一定的设施建设费用补贴。

（2）改善道路交通条件，合理规划和布局农产品集散中心和批发市场，鼓励电子商务等现代化交易手段。降低农户实际承担的交通成本和交易执行成本。

（3）加快农村信息化建设，尤其是增加农产品主产区低成本、易获取的通讯信息系统的投资，如在农产品主产区建立市场信息电子发布站，提供准确及时有效的市场供求和价格等信息，增强农户市场信息获取能力，降低农户市场交易信息成本。

8.2.4 完善农业保险制度，创新农业保险供给

根据本研究结论，从事市场化、专业化生产经营的农户风险

来源更加普遍，除了农业生产所固有的自然风险等传统风险，还面临价格不确定性、市场信息可获得性、销售流通渠道困难等市场风险，以及农业生产资料质量低劣等所造成的产量风险。在农产品销售、流通环节，农户由于组织化程度低，谈判能力弱，面临被压价、违约等风险，这些风险会压缩农户市场化生产经营的效益，降低农户参与国内外市场的竞争力，对农户市场化经营行为有抑制效应。目前农户对面对风险大多处于一种被动接受状态，缺乏防范和规避的有效措施。农业保险是理论上最合逻辑最重要的风险规避方案。根据我国农业风险防范机制薄弱的现实，加强农业保险宣传，扩大农业保险覆盖面，逐步健全农业保险体系。主要建议有：①完善农业保险补贴制度，持续推进农业保险扩面、增品，开发满足高价值农产品农户生产经营需求的保险产品。除了开展政策性农业保险传统农作物产量保险之外，试点开展对高价值产品政策性保险补贴支持，提高农户保险参与率。②引导商业性保险公司和其他社会资本进入高价值农产品农业保险领域，鼓励商业保险公司开发适合我国农产品产业属性和产品特性的保险产品。③根据农产品产业属性与特征、产业化组织程度、农业区域资源禀赋，适时开发创新性的农业保险产品是增强农户市场化生产经营能力和抵抗风险的能力重要制度保障，如创新农业保险模式，鼓励发展农业互助保险。

8.2.5 做好产业规划，引导农户高价值农产品生产向优势区域集聚

异质性随机前沿模型农户技术效率结果及农户效率差异检验表明农户技术效率地区差异显著，山东样本地区农户技术效率显著高于河南和湖北地区样本农户；不同规模农户技术差异效率显著，中等规模农户技术效率最高。信息来源多渠道回归分析结果表明，信息获取的地区性差异显著，山东样本地区农户获取信息

质量高，销售渠道比较稳定，显示出较低的交易成本；农户销售价格波动回归结果也显示地区性差异显著，山东地区样本农户销售价格波动显著低于湖北和河南样本农户。地区性差异显著与产业集聚度差异有很大的关系，山东样本农户西瓜生产专业化、集聚度要远高于另外两个地区[①]，该区域农户在市场信息的可靠性和销售渠道的稳定性上更有保障，农户市场交易成本更低。另外，新品种采用的地区性差异检验结果也表明西瓜产业集聚度高的地区采用新品种的意愿显著高于产业集聚度较低的地区。

产业在地理上的集聚会对产业竞争优势产生深远而积极的影响。产业集聚能促进创新的发展，促进生产率的提高。本书对不同区域高价值农产品的实证研究验证了这一点。同一个区域的农户种植同一种高价值农产品，即在地理上的集中，不仅为各种投入品供应商提供了稳定的市场，而且能够集聚客商，形成专业化的市场。同时，各种与市场、技术等相关的信息会在区域内集聚和迅速传播，使得农户在获取农资供应商、中介服务组织的服务等各方面更有效率，能够及时获得本行业所需的信息，降低生产成本和交易成本，提高市场竞争力；西瓜种植属于劳动密集型产业，在农忙季节可能需要雇工，产业集聚能减少劳动力搜寻成本[②]；还可以获得知识外溢效应，促进农业技术的扩散和采用。

---

① 虽然在实证模型中没有具体的指标来度量（在调研设计之初没有预设到），但在大量实地调研过程中，笔者能直观感受到这三个地区集聚度的显著差异，山东调查样本地区，尤其是在昌乐，西瓜产业集聚度非常高，西瓜种植农户集中分布，而湖北调查样本地区西瓜农户零散分布明显，河南调查样本地区的西瓜农户集聚度处于二者之间。

② 山东昌乐地区西瓜种植比较普遍，当地已经形成了与西瓜产业有关的劳动力供需市场，在农忙季节可以直接到劳动力市场上去寻找雇用劳动力，这些劳动力有部分来自本县周边或外省以种植粮食作物为主的家庭；销售契约在山东调查地区出现，其他两个调查地区几乎没有出现售前签订合约的现象，山东昌乐地区也出现了销售环节的专业化分工现象，出现了当地自发组织的摘瓜队，在售卖西瓜时，摘瓜队负责从地里把西瓜采摘到大卡车上，摘瓜队按西瓜总重的一定比例收费。

产业的地理集中，可以降低基础设施等公共物品的均摊成本，较容易获得政府及其他公共机构投资，这与加强农村信息化建设和基础设施投资，完善市场公共产品供给的建议相契合，而且还有利于打造区域公共品牌，提高农产品附加值。

我们在政策导向上要促进产业发展的专业化、规模化经营，促进产业集聚，这里的专业化、规模化，不仅仅指农户个体生产的专业化、规模化，更多指的是产业的区域专业化、规模化，即产业集聚。因为从技术效率角度也证实了单个农户的经营规模并不是越大越好，单个农户经营规模的扩大受土地等因素的制约。西瓜属于劳动密集型产业，精细化管理要求高。推荐目前经营规模偏小的农户进行家庭种植结构调整扩大自有耕地的西瓜种植面积，或者通过土地流转适度扩大经营规模，但不倡导超大规模经营，大力推进区域农业综合发展和专业化生产相结合，比如推行间作套种，以促进区域间、产业间的平衡，实现农业的可持续发展。

附录
APPENDIX

农户西瓜生产经营问卷调查

省	
县	
乡	
村	
户主姓名	
户主联系电话	
调查员	
调查日期	

查表次数	
查表人	

1. 农户基本情况

1.1 户主信息

	户主信息	选项/单位	答案
A01	性别	1＝男；2＝女	
A02	年龄	岁	
A03	文化程度	1＝没上学；2＝小学；3＝初中；4＝高中/中专；5＝大专及以上	
A04	是否是本村人	1＝是；2＝否	
A05	曾经社会经历	1＝村委会干部；2＝党员；3＝西瓜经纪人；4＝合作社干部；5＝其他	

1.2　家庭人口与劳动力信息

	家庭人口信息	2015 年	2014 年	2013 年
A06	家里总人口（人）			
A07	劳动力数量（不包括学生和军人）			
A08	其中参加非农工作人数			
A09	常年在家务农人数			
A10	从事西瓜种植人数			

注：劳动力包括 16 周岁以上（2000 年以前出生）能从事农业或非农业经济活动的人口。

非农工作指从事农、林、牧、渔业外，并且就业时间超过半个月的，有经营收入的工作，包括有工资收入和私营活动。

1.3　2015 年种植西瓜的劳动力

编码	01 性别：1＝男；2＝女	02 年龄	03 上过几年学	04 种植西瓜年限	05 是否出县打过工？1＝是；2＝否
种西瓜劳动力 1					
种西瓜劳动力 2					
种西瓜劳动力 3					
种西瓜劳动力 4					
种西瓜劳动力 5					

1.4　农户生产经营基本情况

代码	问题	选项/单位	答案
A11	2015 年家庭总收入（包括打工和非农经营收入）	2014 年家庭总收入	
A12	①农业经营总收入	①农业经营总收入	
A13	②西瓜种植年纯收入	②西瓜种植年纯收入	
A14	③非农经营收入（含外出打工、补贴等）	③非农经营收入（含外出打工、补贴等）	

代码	问题	选项/单位	答案
A15	2015 年户主是否务工/经商及位置	1 本村；2 本乡外村；3 本县外乡；4 本省外县；5 外省；6 国外；7 否	
A16	2014 年户主是否务工/经商及位置		
A17	您家过去三年平均纯收入多少？	元	
A18	您家房屋如果现在要卖您觉得能卖多少钱？	元	
A19	您家有固定电话或手机吗？	1 有；2 没有	
A20	您家有能上网的电脑吗？	1 有；2 没有	
A21	过去 3 年中有没有有为了种植西甜瓜而借钱？	1 有；2 没有	
A22	若有，能否顺利借到？	1 能；2 不能	
A23	您家近 3 年是否有人参加过西瓜种植技术培训？	1 是；2 否	
A24	您所在乡镇有无"西甜瓜协会或经济合作组织"？	1＝有；2＝无	
A25	你们家是否参加了农民合作组织？	1＝是；2＝否	
A26	如果是，哪年参加的？	年	
A27	你们家距离最近的农贸市场多远（以零售为主)？	公里	
A28	你们家距离最近的批发市场有多远（以批发为主)？	公里	
A29	你们家距离最近的农资店有多远？	公里	
A30	您身体健康情况如何？	1 健康；2 一般；3 差	

2. 农业经营情况

2.1 家庭经营土地（包括转入的土地）作物种植分配情况

代码	年份	农地总面积 自有（亩）	农地总面积 转入（亩）	转入地租（元/亩）	粮食 作物类型（填代码①）	粮食 面积（亩）	粮食 净收入（元）	西瓜 类型	西瓜 面积（亩）	西瓜 地块数（块）	西瓜 净收入（元）	西瓜 产量（千克）	其他作物 作物类型（填代码②）	其他作物 面积（亩）	其他作物 净收入（元）
B01	2016							露地							
								设施							
B02	2015							露地							
								设施							
B03	2014							露地							
								设施							

注：代码①：1小麦；2玉米；3水稻。代码②：1棉花；2油菜；3花生；4芝麻；5大豆；6蔬菜；7水果（不含西甜瓜）（请注明）；8茶叶；9其他（请注明）。

2.2 农户西瓜种植投入

类 型		a 支出（元/亩）			b 获取途径（填 2016 年的）	C 资金来源
		2016 年	2015 年	2014 年		
B04	种子/种苗（请勾选）					
B05	农药					
B06	化肥					
B07	设施的成本投入（单纯骨架部分）					
	纯骨架部分使用年限					
B08	薄膜和其他覆盖材料的成本投入					
	棚膜使用年限					
B09	机械作业费					
B10	排灌费					
B11	其他直接费（地膜）					
B12	间接费（土地承包费）					
B13	间接费（运输、保险、销售等间接投入）					
B14	人工	自投工（个/工日）				2016 年雇工工价（元/天）	
B15		雇工（个/工日）				2015 年雇工工价（元/天）	
						2014 年雇工工价（元/天）	

注：获取途径选项：1 当地经销商；2 外地经销商；3 县农资公司；4 农机推广站；5 公司/基地提供；6 专业技术协会/合作社提供；7 自产/自有；8 大学或科研机构；9 其他（注明）。资金来源：1 自家储蓄；2 民间借贷；3 银行贷款；4 公司/基地补贴；5 村集体、乡镇补贴；6 其他（注明）。

D13	种西瓜用的薄膜是怎么处理的？	1 就地焚烧；2 回收；3 扔在地里不管	

3. 农户西瓜种植与技术选择行为调查

代码	问　　题	选项/单位	答案
C01	您明年西瓜计划种植面积，与上一年相比的变化情况	1 扩大；2 不变；3 缩小	
C02	若计划扩大，将扩大多少亩？若缩小，缩小多少亩	填写示例：如果是扩大 3 亩填写：＋3；减少 3 亩填写：－3	
C03	扩大或者缩小种植的主要原因（直接填写原因）		
C04	您家西瓜种植多少年了	年	
C05	您种植西甜瓜决策是：	1 自己决策，认为相对收益较高；2 祖辈们都一直种，也沿袭着种；3 看见别人种自己才种；4 响应政府号召；5 安置家庭剩余劳动力；6 满足自家消费；7 其他	
C06	茬口	1 春茬；2 夏茬；3 秋茬	
C07	您家种植的主要西瓜品种按熟期分是	1 早熟；2 早中熟；3 中晚熟；4 晚熟	
C08	您家种植的主要西瓜品种按种子多少分是	1 无籽；2 有籽；3 少籽	
C09	您家种植的主要西瓜品种按果型大小分是	1 大果型；2 中果型；3 小果型/迷你型；4 高档礼品瓜	
C10	您家西甜瓜播种方式	1 直播；2 非嫁接育苗；3 嫁接育苗	
C11	您从哪里购买种苗	1 自己育苗；2 育苗大户；3 专业合作社；4 公司；5 大学或科研单位；6 农技站；7 其他	
C12	您家西瓜有无套种（选 2 跳转到 C14）	1 是；2 否	

（续）

代码	问　　题	选项/单位	答案
C13	套种的原因	1 克服连作障碍；2 分散种植风险；3 增加收益；4 其他（请注明）	
C14	您家西甜瓜主要的栽培方式是：[选 1 的跳转到 C16]	1 露地栽培；2 小拱棚栽培；3 中大棚栽培；4 日光温室栽培	
C15	您家为什么不采用设施栽培方式的种植方式 [可多选]	1 资金不足；2 拥有土地过小；3 家庭劳动力不足；4 西瓜收入占家庭总收入比重过低；5 基础设施难以满足设施栽培的需要；6 对销售渠道畅通与否存在疑虑；7 不能掌握技术；8 其他（注明）	
C16	您家西瓜种植的灌溉用水来源	1 自来水；2 井水；3 河道沟渠水；4 其他（注明）	
C17	所采用的灌溉方式	1 人工挑水灌溉；2 不灌溉；3 漫灌；4 沟灌；5 喷灌；6 滴灌；7 膜下暗灌；8 其他（注明）	
C18	您是否愿意引进新的西甜瓜品种	1 愿意；2 不愿意	
C19	您认为引进新的西甜瓜品种，最大的担忧和风险来自 [注：可多选]	1 不懂新品种种植技术；2 市场价格难以预测；3 销售渠道不畅；4 储藏运输困难；5 其他担忧（注明）	
C20	您认为种植西甜瓜的风险主要来自 [注：可多选]	1 产量风险；2 市场风险；3 其他风险	
C21	您认为产量风险主要包括 [注：可多选]	1 气候；2 病虫害；3 灌溉条件；4 不精通种植技术；5 农业生产资料价格变动；6 政策变动；7 其他（注明）	

（续）

代码	问　　题	选项/单位	答案
C22	您认为市场风险主要是［注：可多选］	1 价格变动大；2 市场供求变化；3 运输流通困难；4 省外西甜瓜供应的影响；5 进口水果的影响；6 其他原因（注明）	
C23	您认为哪些途径能帮助您降低西甜瓜生产经营风险［注：可多选］	1 参加农业保险；2 通过学习提高自家西甜瓜种植技术；3 参加果农协会；4 从事"公司＋农户"模式生产；5 引进新品种；6 通过各种方式了解市场信息；7 与其他作物间作套种；8 其他途径（注明）	
C24	你们县有无西甜瓜生产扶持政策	1 有；2 没有	
C25	您家西甜瓜种植需要哪些生产性服务［可多选，并按需求的迫切程度排序］	1 信息服务；2 资金服务；3 保险服务；4 技术服务；5 农资购买服务；6 销售服务和包装（加工）服务	
C26	您对西甜瓜生产技术需要包括哪些［可多选，按是否需要来选择］	1 增加产量的良种技术；2 提高品质的良种技术；3 病虫害防控技术；4 简约化栽培技术；5 蜜蜂授粉技术；6 水肥一体化技术；7 嫁接栽培技术；8 采收机械辅助技术；9 储运及加工技术；10 其他技术（注明）	
C27	您从哪些渠道获得所需技术［注：可多选，并按重要到次要排序］	1 自己摸索，凭经验；2 电视；广播；上网；3 向其他人学习；亲朋好友提供无偿指导；4 乡村干部传授；5 政府各级农机推广站的农机人员传授/研究机构；6 瓜菜协会或合作组织指导培训；7 合作的龙头企业；8 销售商宣传推荐；9 其他（注明）	

（续）

代码	问　　题	选项/单位	答案
C28	技术掌握难易选择	1 简单易学；2 难度适中；3 较难掌握	
C29	2015 年有没有参加过西瓜种植技术方面的培训	1 参加过；2 没参加	
C30	参加过的请回答：组织者是谁	1 西甜瓜产业技术体系；2 瓜果合作社；3 瓜果或农资企业；4 其他（注明）	
C31	参加过的请回答：是否收取技术培训费或信息费用	1＝是；2＝否	
C32	本村有没有科技/技术示范户	1＝有；2＝没有	
C33	你对技术使用的预期目标选择	1 明显提高果品质量；2 提高产量；3 节约投入；4 其他　（注明）	
C34	您对新技术采用时机的选择	1 技术推广初期；2 技术推广中期；3 技术推广晚期	
C35	你对技术采用带来风险的选择	1 风险较低；2 风险一般；3 风险较高	
C36	采用某种技术决策认知因素排序	1 投入成本；2 家庭经济水平；3 技术风险；4 家庭劳动力数量；5 政府鼓励；6 技术难易；7 其他人选择；8 其他；9 没有	
C37	采用技术有顾虑因素排序	1 经济效益低；2 价格难说；3 销售渠道不畅；4 不会使用 5 假技术；6 没有；7 其他	

4. 农户西瓜销售行为调查

4.1　2016 年西瓜单产＿＿＿＿＿千克/亩，共收获＿＿＿＿＿千克；其中，自家吃了＿＿＿＿＿千克，共销售＿＿＿＿＿千克，共卖＿＿＿＿＿元（销售收入）

4.2 2015 年西瓜单产_____千克/亩，共收获_____千克；其中，自家吃了_____千克，共销售_____千克，共卖_____元

4.3 2014 年西瓜单产_____千克/亩，共收获_____千克；其中，自家吃了_____千克，共销售_____千克，共卖_____元

4.4 如果销售，请填写具体销售情况总共卖了多少次（若多次销售，请填写销量最大的 3 次）

2016 年销售日期	销售数量（千克）	销售价格（元/千克）	销售收入（元）
____月____日			
____月____日			
____月____日			

2015 年销售日期	销售数量（千克）	销售价格（元/千克）	销售收入（元）
____月____日			
____月____日			
____月____日			

2014 年销售日期	卖了多少千克	销售价格（元/千克）	销售收入（元）
____月____日			
____月____日			
____月____日			

代码	问　　题	选项/单位	答案
D01	您对近两年您家西甜瓜销售情况满意吗？	1 满意；2 还可以接受；3 不满意	
D02	您家出售西甜瓜主要是通过哪些渠道？　　[注：可多选]	1 自己到农贸市场或田头、街头销售；2 果品批发市场批发销售；3 "西甜瓜商贩"出售；4 互联网销售；5 "经纪人"；6 "瓜菜协会"、合作组织等中介；7 政府果业局政府开拓的渠道；8 "公司＋农户"形式销售；9 综合超市、便利店、专卖店；10 其他途径	

（续）

代码	问题		选项/单位	答案
D03	对应渠道销售占您家销售总量比重	（1）到农贸市场或田头、街头销售	填入百分比 ％	
		（2）果品批发市场批发销售		
		（3）西甜瓜商贩出售		
		（4）互联网销售		
		（5）"经纪人"		
		（6）"瓜菜协会"合作组织等中介来销售		
		（7）政府果业局等政府开拓的渠道		
		（8）"公司＋农户"形式销售		
		（9）综合超市、便利店、专卖店		
		（10）其他途径		
D04	您家生产的西甜瓜主要出售给〔注：可多选〕		1 商贩；2 本县农贸市场；3 省内大的水果批发市场；4 果品贸易或加工企业；5 省外批发市场或企业；6 出口到国外	
D05	您了解省内西甜瓜市场行情吗		1 了解；2 不了解	
D06	您了解国内西甜瓜市场行情吗		1 了解；2 不了解	
D07	您认为市场对西甜瓜品种最看中的是		1 果型外观；2 甜度；3 水分；4 其他	

代码	问　　题	选项/单位	答案
D08	您知道市场上售价最高的西甜瓜品种吗	1 知道；2 不知道	
D09	您知道消费者或顾客最喜爱的品种吗	1 知道；是＿＿＿品种，2 不知道	
D10	您知道本地水果市场"淡季"和"旺季"时西甜瓜销售价格差异大吗	1 不大；2 很大；3 不知道	
D11	您认为"淡季"和"旺季"西甜瓜销售价格一般相差多少	元	
D12	您是通过哪种途径了解西甜瓜市场销售行情〔注：可多选，按主次排序，主要途径排在最前〕	1 去本地市场打听；2 其他种植户；3 电视；4 广播；5 手机短信定制信息；6 互联网；7 商贩、经纪人；8 西甜瓜协会、合作组织；9 政府部门；10 公司/基地 11 其他途径	
D13	您认为上面的途径中哪一种是最可靠的市场信息来源	（选填上一题相应的序号）	
D14	你们村的西甜瓜种植农户对西瓜商贩的报价是不是一致	1 一致；2 有时不一致；3 经常不一致	

5. 果品市场流通、交易费用与贸易形式

代码	问　　题	选项/单位	答案
E01	"西甜瓜商贩"是如何来您家收购西甜瓜的	1 商贩自己找上门；2 通过"农民经纪人或中介"介绍；3 您自己打电话联系"商贩"；4 其他方式	
E02	您和西甜瓜商贩的结算方式为	1 代销；2 现金交易；3 支付部分定金；4 其他	

（续）

代码	问　题	选项/单位	答案
E03	如果是"经纪人介绍"，是否要付给"中介人"一定费用	1 是；2 否	
E04	若今年来你们乡镇贩运西甜瓜的商贩少了，会影响您家的西甜瓜销售吗	1 影响不大；2 没影响；3 影响很大	
E05	您认为瓜农协会/合作组织有无组织运输、流通、销售农产品功能	1 有；2 没有	
E06	您是否加入了有流通功能的瓜菜协会	1 是；2 否	
E07	您愿意加入有流通功能的瓜菜协会吗	1 愿意；2 不愿意	
E08	您对果农专业协会的了解程度怎样	1 非常了解；2 比较了解；3 不了解	
E09	您和西甜瓜商贩对西甜瓜等级的认定是否一致	1 完全不一致；2 经常不一致；3 有时一致，有时不一致；4 多数情况下一致；5 完全一致	
E10	您认为西甜瓜要经过几次批发才能卖到顾客手里	1　1 次；2　2 次；3　3 次；4　4 次；5　不知道	
E11	从您家将西甜瓜运到最近的水果批发市场，需要多长时间的路程	1　1 小时以下；2　1～3 小时；3　3～6 小时；4　6～12 小时；5　12 小时以上	
E12	如果您不知道今年本地市场的西瓜批发价格，对您出售西甜瓜会有影响吗	1 有些影响；2 没影响；3 影响很大	
E13	售卖西瓜定价的方式	1 当面谈价；2 公开竞价；3 拍卖；4 其他方式	
E14	您家出售西甜瓜时，组织西甜瓜运输有困难吗	1 有一些困难；2 没困难；3 有很大困难	

（续）

代码	问　　题	选项/单位	答案
E15	您与"水果商贩"商定的销售价格，您觉得价格公平吗	1 公平；2 有些不公平；3 很不公平	
E16	这种商定的价格，您和"商贩"定的是口头协议还是书面协议	1 口头；2 书面	
E17	西甜瓜商贩是否按照协议执行	1 履行合同；2 有时违约；3 经常违约	
E18	如果您将西甜瓜拉到批发市场出售，不能完全卖掉而需要再拉回家，这种风险大吗	1 无；2 不大；3 很大	
E19	经常要将价钱降得更低才能卖完，这种风险大吗	1 无；2 不大；3 很大	
E20	您有过和果品加工企业或农业企业签订过西瓜收购协议吗	1 有过；2 没有	
E21	如果有，能按照协议履行合同吗	1 能；2 不能	
E22	您认为在"乡镇或县城农贸市场"出售水果，主要成本来自哪项	1 摊位费；2 工商税务等收费；3 卫生费；4 市场管理费；5 不知道具体费用［注：可多选］；6 不收费	
E23	您认为加入"合作组织（协会）＋果农"这种组织形式，是否能帮助您家销售水果；获得市场信息	1 肯定能；2 可能；3 不可能；4 不知道	
E24	当地运输状况	1 运输没有困难；2 运输有困难；3 运输有很大困难	

参考文献

REFERENCE

毕继业，朱道林，王秀芬．耕地保护中农户行为国内研究综述[J].中国土地科学，2010（11）：77-81.

蔡文著，杨慧．农产品营销中农户感知心理契约对农户行为的影响——基于江西省农户调研的实证研究[J].经济管理，2013（2）：165-174.

曹暕，孙顶强，谭向勇．农户奶牛生产技术效率及影响因素分析[J].中国农村经济，2005（10）：42-48.

曹阳，王春超．农户经济模型的演变与最新发展[J].经济学动态，2007（2）：74-78.

曹阳，王春超．中国小农市场化：理论与计量研究[J].华中师范大学学报（人文社会科学版），2009，48（6）：39-47.

柴军．新疆牧民生产决策行为与草地退化问题研究[D].北京：中国农业科学院，2008.

常修泽，高明华．中国国民经济市场化的推进程度及发展思路[J].经济研究，1998（11）：48-55.

陈传波，张利庠，苏振斌．农户消费平滑与收入平滑——基于湖北省农村住户调查月度数据的分析[J].统计研究，2006（9）：50-53.

陈春生．论农户行为模式转型与中国粮食安全问题[J].陕西师范大学学报（哲学社会科学版），2010（1）：147-152.

陈海磊．土地流转对农业生产效率的影响研究[D].上海：上海交通大学，2015.

陈和午．农户模型的发展与应用：文献综述[J].农户技术经济，2004（3）：2-10.

陈静玲．集聚效应与民营企业总部选址[D].广州：华南理工大学，2011.

陈康．中国小城镇发展战略[D].北京：北京化工大学，2003.

陈美球，吴月红，刘桃菊．基于农户行为的我国耕地保护研究与展望[J]．
　　南京农业大学学报（社会科学版），2012（3）：66-72．

陈品，王楼楼，王鹏，陆建飞．农户采用不同稻作方式的影响因素分析——
　　基于江苏省淮安市淮安区的农户调研数据[J]．中国农业科学，2013（5）：
　　1061-1069．

陈卫平．中国农业生产率增长、技术进步与效率变化：1990—2003 年[J]．
　　中国农村观察，2006（1）：18-23，38，80．

陈艳红，胡胜德．农户优质稻米种植意愿分析——基于黑龙江省 359 个普
　　通水稻种植户的调查[J]．农业技术经济，2014，（10）：106-110．

陈钊，陆铭．在聚集中走向平衡：中国城乡与区域经济协调发展的实证研
　　究[M]．北京：北京大学出版社，2009．

陈宗胜，中国经济体制市场化进程研究[M]．上海：上海人民出版社，1999．

程保平．论中国农户行为的演化及校正思路[J]．经济评论，2000（3）：
　　53-58．

池泽新．农户行为的影响因素、基本特点与制度启示[J]．农业现代化研究，
　　2003（5）：368-371．

崔美龄，傅国华，袁志先．价格波动对农户行为影响的研究综述[J]．当代
　　经济，2016（16）：82-85．

邓若冰，夏庆利，罗芳．农业技术效率研究进展[J]．贵州农业科学，2013
　　（5）：204-208．

董鸿鹏，吕杰．农业信息化对农户行为作用机制的研究综述[J]．农业经济，
　　2012（11）：104-105．

杜文杰．农业生产技术效率的政策差异研究——基于时不变阈值面板随机
　　前沿分析[J]．数量经济技术经济研究，2009（9）：107-118．

方鹏，黄贤金，陈志刚，濮励杰，李宪文．区域农村土地市场发育的农户
　　行为响应与农业土地利用变化——以江苏省苏州市、南京市、扬州市村
　　庄及农户调查为例[J]．自然资源学报，2003（3）：319-325．

冯俊，王爱民，张义珍．农户低碳化种植决策行为研究——基于河北省的
　　调查数据[J]．中国农业资源与区划，2015（1）：50-55．

弗兰克．艾利思．农民经济学——农民家庭农业和农业发展[M]．胡景北，
　　译．上海：上海人民出版社，2006．

傅晨，狄瑞珍．贫困农户行为研究[J].中国农村观察，2000（2）：39-42，80.

傅京燕．中小企业集群的竞争优势及其决定因素[J].外国经济与管理，2003（3）：29-34.

高梦滔，姚洋．健康风险冲击对农户收入的影响[J].经济研究，2005（12）：15-25.

高梦滔，张颖．小农户更有效率？——八省农村的经验证据[J].统计研究，2006（8）：21-26.

高明，徐天祥，欧阳天治．农户行为的逻辑及其政策含义分析[J].思想战线，2013（1）：147-148.

高明，徐天祥，朱雪晶，汪磊．兼业背景下贫困地区农户资源配置的特征与效率分析[J].经济社会体制比较，2012（2）：163-169.

高珊，黄贤金，钟太洋，陈志刚．农业市场化对农户种植效益的影响——基于沪苏皖农户调查的实证研究[J].地理研究，2013（6）：1103-1112.

顾瑛．产业群与地区创新[J].经济问题探索，2002（12）：13-16.

郭红东，方文豪．浙江省农户农产品生产与销售实证分析[J].西北农林科技大学学报（社会科学版），2004（5）：52-55.

郭红东，蒋文华．影响农户参与专业合作经济组织行为的因素分析——基于对浙江省农户的实证研究[J].中国农村经济，2004（5）：10-16，30.

郭红东．龙头企业与农户订单安排与履约：理论和来自浙江企业的实证分析[J].农业经济问题，2006（2）：36-42.

郭锦墉，冷小黑．农户营销合作意愿的影响因素分析——基于江西省1085户农户的实证调查[J].江西农业大学学报（社会科学版），2006（4）：1-5.

郭锦墉，尹琴，廖小官．农产品营销中影响农户合作伙伴选择的因素分析——基于江西省农户的实证[J].农业经济问题，2007（1）：86-93.

郭军华，倪明，李帮义．基于三阶段DEA模型的农业生产效率研究[J].数量经济技术经济研究，2010（12）：27-38.

郭敏，屈艳芳．农户投资行为实证研究[J].经济研究，2002（6）：86-92.

韩小江．哈密地区农户改种鲜食葡萄意愿及影响因素分析[D].石河子：石河子大学，2016.

韩晓玲．苏锡常三地区产业结构趋同合理性研究[D]．南京：河海大学，2007．

韩长赋．在全国农业厅局长座谈会上的讲话[J]．中华人民共和国农业部公报，2011（7）：4-13．

何嗣江，张丹．"公司＋农户"模式的演变及发展路径[J]．经济学家，2005（1）：118-119．

洪泉．萃取中草药精华打造"零农残"食品[N]．中国食品安全报，2016-11-03（B02）．

侯建昀，霍学喜．交易成本与农户农产品销售渠道选择——来自 7 省 124 村苹果种植户的经验证据[J]．山西财经大学学报，2013，35（7）：56-64．

侯建昀，霍学喜．农户市场行为研究述评——从古典经济学、新古典经济学到新制度经济学的嬗变[J]．华中农业大学学报（社会科学版），2015（3）：8-14．

胡定寰，Fred Gale，Thomas Reardon．试论"超市＋农产品加工企业＋农户"新模式[J]．农业经济问题，2006（1）：36-39．

胡继连．中国农户经济行为研究[M]．北京：中国农业出版社，1992．

黄飞．非农收入、技术特征与农户风险规避行为[D]．南京：南京农业大学，2011．

黄建民，朱方红，吁尧生．紧跟全国西甜瓜发展形势，加快发展我省甜蜜的事业[J]．现代园艺，2009，（8）：41-42，44．

黄少安，孙圣民，宫明波．中国土地产权制度对农业经济增长的影响——对 1949—1978 年中国大陆农业生产效率的实证分析[J]．中国社会科学，2005（3）：38-49．

黄少安．产权经济学导论[M]．济南：山东人民出版社，1995．

黄映晖，戎承法，张正河．DEA 方法在小麦生产效率衡量中的应用[J]．农业技术经济，2004（5）：16-22．

黄宗智．长江三角洲小农家庭与乡村发展[M]．北京：中华书局，2000．

黄祖辉，梁巧．小农户参与大市场的集体行动[J]．农业经济问题，2007（9）：66-71．

黄祖辉，王建英，陈志钢．非农就业、土地流转与土地细碎化对稻农技术效率的影响[J]．中国农村经济，2014（11）：4-16．

黄祖辉，吴克象，金少胜．发达国家现代农产品流通体系变化及启示［J］．福建论坛（经济社会版），2003（4）：32-36.

黄祖辉，张静．交易费用与农户契约选择——来自浙冀两省 15 县 30 个村梨农调查的经验证据［J］．管理世界，2008（9）：76-81.

黄祖辉，朱允卫．全球化进程中的农业经济与政策问题［J］．中国农村经济，2007（1）：75-78.

霍学喜，屈小博．西部传统农业区域农户资金借贷的需求与供给分析［J］．中国农村经济，2005（8）：58-67.

贾驰．农业国际化背景下农户生产效率研究［D］.杭州：浙江大学，2012.

蒋竞．北京城市家庭水产品在外消费的影响因素分析［D］.呼和浩特：内蒙古农业大学，2010.

蒋永穆，高杰．不同农业经营组织结构中的农户行为与农产品质量安全［J］.云南财经大学学报，2013（1）：142-148.

金爱武，方伟，邱永华，吴继林．农户毛竹培育技术选择的影响因素分析——对浙江和福建三县（市）的实证分析［J］.农业技术经济，2006（2）：62-66.

康继军，张宗益，傅蕴英．中国经济转型与增长［J］.管理世界，2007（1）：7-17，171.

康云海．农户进入农业产业化经营的行为分析［J］.云南社会科学，1998（1）：36-42.

康云海．农业产业化中的农户行为分析［J］.农业技术经济，1998（1）：7-12.

亢霞，刘秀梅．我国粮食生产的技术效率分析——基于随机前沿分析方法［J］.中国农村观察，2005（4）：25-32.

孔祥智，方松海，庞晓鹏，等．西部地区农户禀赋对农业技术采纳的影响分析［J］.经济研究，2004（12）：85-95.

李昌来．贵州发展现代农业的新指南——学习国发 2 号文件有感［J］.贵阳市委党校学报，2012（3）：11-13.

李飞飞．我国上市公司金融资产信息披露研究［D］.沈阳：东北财经大学，2011.

李谷成．技术效率、技术进步与中国农业生产率增长［J］.经济评论，2009

（1）：60-68.

李楠楠，李同昇，于正松，芮旸，苗园园，李永胜 . 基于 Logistic-ISM 模型的农户采用新技术影响因素——以甘肃省定西市马铃薯种植技术为例 [J].地理科学进展，2014（4）：542-551.

李强，张林秀 . 农户模型方法在实证分析中的运用——以中国加入 WTO 后对农户的生产和消费行为影响分析为例[J].南京农业大学学报（社会科学版），2007，7（1）：25-32.

李芹，陈海，王国义 . 耕地集约度时空分异规律及其影响因素研究[J].中国人口·资源与环境，2012（S2）：195-197.

李维 . 农户水稻种植意愿及其影响因素分析[J].湖南农业大学学报，2010（5）：7-13.

李夏 . 苹果种植户投入—产出效率研究[D].杨凌：西北农林科技大学，2010.

李小建 . 欠发达农区经济发展中的农户行为——以豫西山地丘陵区为例 [J].地理学报，2002（4）：459-468.

李小宁，李辉 . 粮食主产区农村居民食物消费行为的计量分析[J].统计研究，2005（2）：42-47.

李瑜，师发玲 . 农户经营组织化发展理论研究[J].经济问题探索，2008（12）：74-81.

李岳云，蓝海涛，方晓军 . 不同经营规模农户经营行为的研究[J].中国农村观察，1999（4）：39-45.

李泽华 . 我国农产品批发市场的现状与发展趋势[J].中国农村经济，2002（6）：36-42.

李周，于法稳 . 西部地区农业生产效率的 DEA 分析[J].中国农村观察，2005（6）：2-11.

廖洪乐 . 农户兼业及其对农地承包经营权流转的影响[J].管理世界，2012（5）：62-70，87，187-188.

林乐芬，马艳艳 . 土地股份化进程中农户行为选择及影响因素分析——基于 1007 户农户调查[J].南京农业大学学报（社会科学版），2014（6）：70-79.

林善浪 . 农户土地规模经营的意愿和行为特征——基于福建省和江西省

224 个农户问卷调查的分析[J]. 福建师范大学学报（哲学社会科学版），2005（3）：15-20.

林毅夫. 制度、技术与中国农业发展[M]. 上海：上海人民出版社，1994.

刘滨，池泽新，康小兰. 农户交易中介化——概念模型与立论依据[J]. 江西农业大学学报（社会科学版），2006（12）：29-32.

刘璨. 1978—1997 年金寨县农户生产力发展与消除贫困问题研究[J]. 中国农村观察，2004（1）：35-43.

刘成武，黄利民. 农户土地利用投入变化及其土地利用意愿分析[J]. 农业工程学报，2014（20）：297-305.

刘刚. 农业部印发《到 2020 年农药使用量零增长行动方案》[J]. 农药市场信息，2015（8）：10-12.

刘克春. 农户农地流转决策行为研究[D]. 杭州：浙江大学，2006.

刘清娟. 黑龙江省种粮农户生产行为研究[D]. 哈尔滨：东北农业大学，2012.

刘威. 农户使用互联网获取市场信息的行为分析——基于种粮农户的实地调查[J]. 西北农林科技大学学报（社会科学版），2013（1）：46-53.

刘文革. 我国无籽西瓜产业发展状况与对策[J]. 长江蔬菜，2010（8）：121-127.

刘喜波，张雯，侯立白. 现代农业发展的理论体系综述[J]. 生态经济，2011（8）：98-102.

刘莹，黄季焜. 农户多目标种植决策模型与目标权重的估计[J]. 经济研究，2010（1）：148-157，160.

刘志强. 论港口与产业集群[D]. 上海：上海海事大学，2005.

娄博杰. 基于农产品质量安全的农户生产行为研究[D]. 北京：中国农业科学院，2015.

陆文聪，西爱琴. 农户农业生产的风险反应：以浙江为例的 MOTAD 模型分析[J]. 中国农村经济，2005（12）：68-75.

陆文聪，西爱琴. 农业产业化中农户经营风险特征及有效应对措施[J]. 福建论坛（人文社会科学版），2005（7）：83-86.

罗必良，刘成香，吴小立. 专业化生产与农户市场风险[J]. 农业经济问题，2008（7）：10-14.

罗万纯．农户农产品销售渠道选择及影响因素分析［J］.调研世界，2013
　　（1）：35-37，52.

吕德宏，杨希，闫文收．农民专业合作社引导农业产业化运行机制、效果
　　及对策研究［J］.北方园艺，2012（5）：197-199.

吕涛，郑宏涛：中国农户销售行为与影响因素［J］.中国农村经济，1999
　　（9）．

马博虎．我国粮食贸易中农业资源要素流研究［D］.杨凌：西北农林科技大
　　学，2010.

马鸿运．中国农户经济行为研究［M］.上海：上海人民出版社，1994.

马小勇．中国农户的风险规避行为——以陕西为例［J］.中国软科学，2006
　　（2）：22-30.

马勇．蔬菜种植户选择不同销售中介的影响因素研究［D］.杭州：浙江大
　　学，2008.

马志雄，丁士军．基于农户理论的农户类型划分方法及其应用［J］.中国农
　　村经济，2013（4）：28-38.

满明俊，李同昇．农户采用新技术的行为差异、决策依据、获取途径分
　　析——基于陕西、甘肃、宁夏的调查［J］.科技进步与对策，201（15）：
　　58-63.

满明俊，李同昇．农业技术采用的研究综述［J］.开发研究，2010（1）：
　　80-85.

毛飞，孔祥智．农户销售信息获取行为分析［J］.农村经济，2011（12）：
　　8-12.

农村固定观察点办公室．全国农村社会经济典型调查数据汇编［M］.北京：
　　中国农业出版社，2001.

潘旭明．基于企业集群的区域竞争优势分析［J］.西南民族大学学报（人文
　　社科版），2004（4）：148-151.

彭建仿，杨爽．共生视角下农户安全农产品生产行为选择——基于407个
　　农户的实证分析［J］.中国农村经济，2011（12）：68-78，91.

浦徐进，刘焕明，蒋力．农户合作经济组织内"搭便车"行为的演化及其
　　治理——从行为门槛的视角［J］.西北农林科技大学学报（社会科学版），
　　2011（6）：47-51.

普拉布，平加利．农业增长和经济发展：全球化视角的观点[J]．农业经济问题，2007（2）：8-17．

齐永华，张凤荣，吕昌河．大城市郊区农户要素投入特征及差异分析——以北京市平谷区为例[J]．资源科学，2007（4）：132-139．

恰亚诺夫．农民经济组织[M]．北京：中央编译出版社，1996．

千玉坤．荒漠化草原牧户经营规模与生产效率研究[D]．呼和浩特：内蒙古大学，2010．

屈小博，霍学喜，胡求光．收入分配对不发达地区农户消费需求影响的实证分析[J]．商业研究，2007（2）：182-185，213．

屈小博．不同规模农户生产技术效率差异及其影响因素分析——基于超越对数随机前沿生产函数与农户微观数据[J]．南京农业大学学报（社会科学版），2009（3）：27-35．

屈小博．不同经营规模农户市场行为研究[D]．杨凌：西北农林科技大学，2008．

屈小博．农户生产经营风险来源与认知行为实证分析——以陕西省453户果农为例［C］//中国农业技术经济研究会．建设我国现代化农业的技术经济问题研究——中国农业技术经济研究会2007年学术研讨会论文集．中国农业技术经济研究会，2007．

尚欣，郭庆海．基于理性经济人视角下我国兼业农户行为分析[J]．吉林农业大学学报，2010（5）：597-602．

邵砾群．中国苹果矮化密植集约栽培模式技术经济评价研究[D]．杨凌：西北农林科技大学，2015．

盛昭瀚，朱乔，吴广某．DEA理论、方法与应用[M]．北京：科学出版社，1996．

石弘华，杨英．雇工自营制与农户行为效率分析——以湖南省邵阳地区为例[J]．中国农村经济，2005（8）：17-20．

时悦．农业生产效率变动分析、分解及调整目标——基于DEA方法的实证研究[J]．华南农业大学学报（社会科学版），2007（4）：30-34．

史冰清，孔祥智，钟真．农民参与不同市场组织形式的特征及行为研究——基于鲁、宁、晋三省的实地调研数据分析[J]．江汉论坛，2013（1）：50-57．

史虹，许长新. 产业簇群对企业发展的影响[J]. 经济师，2002（12）：165.

史清华，黄祖辉. 农户家庭经济结构变迁及其根源研究——以 1986—2000 年浙江 10 村固定跟踪观察农户为例[J]. 管理世界，2001（4）：112-119.

史清华. 农户经济可持续发展研究[M]. 北京：中国农业出版社，2005.

舒尔茨. 改造传统农业[M]. 梁小民，译. 北京：商务印书馆，1987.

宋洪远. 经济体制与农户行为：一个理论分析框架及其对中国农户问题的应用研究[J]. 经济研究，1994（8）：22-28，35.

宋杰. 兵地农业生产效率比较研究[D]. 石河子：石河子大学，2013.

宋金田，祁春节. 交易成本对农户农产品销售方式选择的影响——基于对柑橘种植农户的调查[J]. 中国农村观察，2011（5）：33-44，96.

宋金田，祁春节. 农户柑橘种植意愿及影响因素实证分析——基于我国柑橘主产区 152 个农户的调查[J]. 华中农业大学学报（社会科学版），2012（4）：17-21.

宋金田，祁春节. 销售渠道选择对农户收入影响实证分析[J]. 统计与决策，2013（16）：75-78.

宋金田. 新制度经济学视角农户生产经营行为实证研究——以柑橘种植农户为例[D]. 武汉：华中农业大学，2013.

宋雨河，武拉平. 价格对农户蔬菜种植决策的影响——基于山东省蔬菜种植户供给反应的实证分析[J]. 中国农业大学学报（社会科学版），2014，31（2）：136-142.

苏晓宁. 农户教育选择问题的模型研究和实证分析[D]. 兰州：甘肃农业大学，2009.

速水佑次郎，弗农·拉坦. 农业发展的国际分析（修订扩充版）[M]. 郭熙保，张进铭，译. 北京：中国社会科学出版社，2000.

孙新章，成升魁，张新民. 农业产业化对农民收入和农户行为的影响——以山东省龙口市为例[J]. 经济地理，200（4）：510-513.

谭淑豪，谭仲春，黄贤金. 农户行为与土壤退化的制度经济学分析[J]. 土壤，2004（2）：141-144，156.

檀勤良，邓艳明，张兴平，张充，杨海平. 农业秸秆综合利用中农户意愿和行为研究[J]. 兰州大学学报（社会科学版），2014（5）：105-111.

田青英，邢后银. 南京市西瓜专业村调查与发展建议[J]. 中国园艺文摘，

2011 (12)：50-53.

王步芳．"干中学"与产业集群核心能力的形成[J].世界地理研究，2005 (3)：37-44.

王慧敏，乔娟．农户参与食品质量安全追溯体系的行为与效益分析——以北京市蔬菜种植农户为例[J].农业经济问题，2011 (2)：45-51，111.

王济川，郭志刚．Logistic 回归模型——方法与应用[M].北京：高等教育出版社，2001.

王家新，姜德波．以集群理论指导地区产业分工[J].南京社会科学，2003 (S2)：71-75.

王宽让，贾生华．传统农民向现代农民的转化[M].贵阳：贵州人民出版社，1994.

王鸣，侯沛．西瓜的起源、历史、分类及育种成就[J].当代蔬菜，2006，(3)：18-19.

王文信，蔡世攀，王刚．黄淮海地区农户苜蓿种植行为影响因素分析[J].农业工程报，2015 (S1)：284-290.

王亚静．中国契约农业交易行为的理论分析与实证研究[D].武汉：华中农业大学，2007.

王玉斌，华静．信息传递对农户转基因作物种植意愿的影响[J].中国农村经济，2016 (6)：71-80.

王跃生．家庭责任制、农户行为与农业中的环境生态问题[J].北京大学学报（哲学社会科学版），1999 (3)：43-50，157.

王志丹．中国甜瓜产业经济发展研究[D].北京：中国农业科学院，2014.

王志刚，李腾飞，黄圣男，张亚鑫．基于随机前沿模型的农业生产技术效率研究——来自甘肃省定西市马铃薯生产的数据[J].华中农业大学学报（社会科学版），2013 (5)：61-67.

王志刚，王磊，阮刘青，廖西元．农户采用水稻轻简栽培技术的行为分析[J].农业技术经济，2007 (3)：102-107.

卫龙宝，张菲．交易费用、农户认知及其契约选择——基于浙赣琼黔的调研[J].财贸研究，2013 (1)：1-8.

魏权龄．评价相对有效性的 DEA 方法[M].北京：中国人民大学出版社，1988.

文长存，孙玉竹，吴敬学．"十三五"时期中国西甜瓜产业形势分析[J]．农业展望，2016（5）：48-52.

文长存，孙玉竹，吴敬学．农户禀赋、风险偏好对农户西瓜生产决策行为影响的实证分析[J]．北方园艺，2017（2）：196-201.

文长存，汪必旺，吴敬学．农户采用不同属性"两型农业"技术的影响因素分析——基于辽宁省农户问卷的调查[J]．农业现代化研究，2016（4）：701-708.

文长存，吴敬学．交易成本对农户销售高价值农产品行为的研究——基于湖北省西瓜种植户的调查[J]．农业经济与管理，2016（4）：61-71.

文长存，吴敬学．农户"两型农业"技术采用行为的影响因素分析——基于辽宁省玉米水稻种植户的调查数据[J]．中国农业大学学报，2016（9）：179-187.

文长存，杨念，吴敬学．湖北省西瓜产业全要素生产率研究[J]．北方园艺，2015，（20）：172-176.

文长存，张琳，吴敬学．我国西瓜播种面积的影响因素分析[J]．广东农业科学，2016（4）：63-66.

翁贞林．农户理论与应用研究进展与述评[J]．农业经济问题，2008（8）：93-100.

吴春．高新技术企业对宁波科技进步的贡献研究[J]．商场现代化，2009（17）：117-118.

吴方，李盛利，张辉．产业集聚效应与区域竞争优势[J]．农机化研究，2005（3）：302.

吴敬学，赵姜，张琳．中国西甜瓜优势产区布局及发展对策[J]．中国蔬菜，2013（17）：1-5.

吴连翠．基于农户生产行为视角的粮食补贴政策绩效研究[D]．杭州：浙江大学，2011.

吴武超，黎恒．论农村产业结构调整与农业产业化经营[J]．中国集体经济，2011（3）：5-6.

吴希林．农户行为与农业面源污染问题研究[D]．南昌：江西农业大学，2011.

西爱琴，陆文聪，梅燕．农户种植业风险及其认知比较研究[J]．西北农林科技大学学报（社会科学版），2006（4）：22-28.

西爱琴．农业生产经营风险决策与管理对策研究[D].杭州：浙江大学，2006.

向国成，韩绍凤．分工与农业组织化演进：基于间接定价理论模型的分析[J].经济学（季刊），2007（2）：513-538.

向国城，韩绍凤．农户兼业化——基于分工视角的分析[J].中国农村经济，2005（8）：4-10.

熊存开．市场经济条件下农业风险管理的研究[J].农业经济问题，1997（5）：43-47.

熊晓山，文泽富，宋光煜，谢德体．三峡库区不同规模柑桔园的果农行为与经济效益分析[J].中国南方果树，2006（1）：1-5.

修泽，高明华．中国国民经济市场化的推进程度及发展思路[J].经济研究，1998（11）：48-55.

徐玉婷，杨钢桥．不同类型农户农地投入的影响因素[J].中国人口·资源与环境，2011（3）：106-112.

徐玉婷．农地整理对农户农地资本投入的影响研究[D].武汉：华中农业大学，2011.

徐梓津，赵翠薇，王培彬．贵州少数民族地区农户耕地生产投入行为及影响因素研究[J].山东农业大学学报（自然科学版），2014（1）：64-68.

宣杏云，王春法．西方国家农业现代化透视[M].上海：上海远东出版社，1998.

薛彩霞．西部地区农户林地生产技术效率研究[D].杨凌：西北农林科技大学，2013.

颜廷武．中西部地区农户经济行为与农村反贫困研究[D].武汉：华中农业大学，2005.

阳检．农药施用行为与农户特征研究[D].无锡：江南大学，2010.

杨辉平．新疆地州农业竞争力综合评价研究[J].农村经济与科技，2014（8）：92-95.

杨俊．不同类型农户耕地投入行为及其效率研究[D].武汉：华中农业大学，2011.

杨念，文长存，吴敬学．世界西瓜产业发展现状与展望[J].农业展望，

2016 (1)：45-48.

杨唯一，鞠晓峰．基于博弈模型的农户技术采纳行为分析[J].中国软科学，2014 (11)：42-49.

姚文，祁春节．交易成本对中国农户鲜茶叶交易中垂直协作模式选择意愿的影响——基于 9 省（区，市）29 县 1394 户农户调查数据的分析[J].中国农村观察，2011 (2)：52-66.

应瑞瑶，徐斌．农户采纳农业社会化服务的示范效应分析——以病虫害统防统治为例[J].中国农村经济，2014 (8)：30-41.

尤小文．农户经济组织研究[D].北京：中共中央党校，1999.

余强毅，吴文斌，唐华俊，杨鹏，李正国，夏天，刘珍环，周清波．基于农户行为的农作物空间格局变化模拟模型架构[J].中国农业科学，2013 (15)：3266-3276.

余霜，李光，冉瑞平．基于 Logistic-ISM 模型的喀斯特地区农户耕地保护行为影响因素分析[J].地理与地理信息科学，2014 (3)：140-144，149.

曾福生，戴鹏．农户种粮选择行为影响因素分析[J].技术经济，2012 (2)：80-86.

詹姆斯·C. 斯科特．农民的道义经济学：东南亚的反叛与生存[M].南京：译林出版社，2004.

张冬平，冯继红．我国小麦生产效率的 DEA 分析[J].农业技术经济，2005 (3)：48-54.

张广胜，吕杰，周小斌，等．诱致性制度变迁下的农户经济行为研究及启示[J].沈阳农业大学学报（社会科学版），2000 (6)：125-127.

张广胜．市场经济下的农户经济行为研究[J].调研世界，1999 (3)：25-26，33.

张红宇，杨春华，张海阳，等．当前农业和农村经济形势分析与农业政策的创新[J].管理世界，2009 (11)：74-83.

张华．产业集聚——区域竞争与合作的强大内生力量[J].江苏科技信息，2007 (S1)：18-20.

张惠萍．中小企业集群的技术创新优势分析[J].内蒙古科技与经济，2005 (16)：89-92.

张丽娟．气候变化对地下水灌溉供给的影响及灌溉管理的适应性反应[D].

沈阳：沈阳农业大学，2016.

张林秀，徐小明. 农户生产在不同政策环境下行为的研究——农户系统模型的应用[J]. 农业技术经济，1996（4）：27-32.

张林秀. 农户经济学基本理论概述[J]. 农业技术经济，1996（3）：24-30.

张启明. 农户行为分析与农业宏观调控政策[J]. 中国农村经济，1997（6）：35-38.

张庆. 优势农产品产业带建设：基于区域经济学的理论分析与对策思考[J]. 经济体制改革，2007（3）：79-83.

张如山，樊剑. 农业结构调整中农户行为的作用研究[J]. 生产力研究，2006（12）：31-32.

张韦唯，文家燕，黎炜. 农地流转的农户行为心理契约分析[J]. 农村经济，2014（3）：37-40.

张希仁. 农户行为与农业两个根本性转变[J]. 经济评论，1998（2）：78-81.

张晓山，等. 联结农户与市场——中国农民中介组织探究[M]. 北京：中国社会科学出版社，2002.

张怡. 农户花生生产行为分析——基于河南、山东两省44县（市）731份农户调查数据[J]. 农业技术经济，2015（3）：91-98.

张影强. 中国农户时间配置模型初探[D]. 北京：北京交通大学，2007.

张元智. 产业集聚、竞争优势与西部开发[J]. 西安电子科技大学学报（社会科学版），2001（1）：5-10.

张元智. 产业集聚与区域竞争优势探讨[J]. 国际贸易问题，2001（9）：33-36.

张元智. 高科技产业开发区集聚效应与区域竞争优势[J]. 中国科技论坛，2001（3）：20-23.

张云华，马九杰，孔祥智，朱勇. 农户采用无公害和绿色农药行为的影响因素分析——对山西、陕西和山东15县（市）的实证分析[J]. 中国农村经济，2004（1）：41-49.

赵姜. 中国西瓜产业发展的经济学分析[D]. 北京：中国农业科学院，2013.

郑宝华. 风险、不确定性与贫困农户行为[J]. 中国农村经济，19979（1）：66-69.

郑鹏.基于农户视角的农产品流通模式研究[D].武汉:华中农业大学,2012.

钟涨宝,陈小伍,王绪朗.有限理性与农地流转过程中的农户行为选择[J].华中科技大学学报(社会科学版),2007(6):113-118.

周海涛.蔬菜农户的销售方式选择及影响因素研究[D].南京:南京农业大学,2007.

周洁红,姜励卿.农产品质量安全追溯体系中的农户行为分析——以蔬菜种植户为例[J].浙江大学学报(人文社会科学版),2007(2):118-127.

周立群,曹立群.商品契约优于要素契约——以农业产业化经营中的契约选择为例[J].经济研究,2002(1):14-19.

周萤.家庭结构对农户农地投入的影响研究[D].武汉:华中农业大学,2010.

周志太.论农业聚集经济[J].南京理工大学学报(社会科学版),2011(2):37-43.

朱淀,张秀玲,牛亮云.蔬菜种植农户施用生物农药意愿研究[J].中国人口·资源与环境,2014(4):64-70.

朱慧,张新焕,焦广辉,等.三江河流域油料作物的农户种植意愿影响因素分析——基于 Logistic 模型和 240 户农户微观调查数据[J].自然资源学报,2012,27(3):372-381.

朱吉雨.浙江省香榧生产发展和生产组织类型研究[D].杭州:浙江农林大学,2015.

朱信凯.流动性约束、不确定性与中国农户消费行为分析[J].统计研究,2005(2):38-42.

左正强.农户秸秆处置行为及其影响因素研究——以江苏省盐城市 264 个农户调查数据为例[J].统计与信息论坛,2011(11):109-113.

Albert Park,任常青.自给自足和风险状态下的农户生产决策模型——来自中国贫困地区的实证研究[J].农业技术经济,1995(5):22-26.

Bairoch P,Braider C.Cities and Economic Development:from the Dawn of History to the Present [M].Chicago:University of Chicago Press,2010.

Barnum H N,Squire L.A Model of an Agricultural Household. Theory and Evidence [M].Baltimore:Johns Hopkins University Press,1980.

Battese G E, Coelli T J. A model for technical inefficiency effects in a stochastic frontier production function for panel data [J]. Empirical Economics, 1995, 20 (2): 325-332.

Battese G E, Corra G S. Estimation of a Production Frontier Model: with Application to the Pastoral Zone of Eastern Australia [J]. Australian Journal of Agricultural and Resource Economics, 1977, 21 (3): 169-179.

Charnes A, Cor W W, Rhodes E. Measuring the Efficiency of Decision Making Units [J]. European Journal of Operation Research, 1978 (2): 429-444.

Coase R H. The Problem of Social Cost [J]. The Journal of Law and Economics, 2013, 56 (4): 837-877.

Darr D A, Chern W S. Estimating adoption of GMO soybeans and maize: A case study of Ohio, USA [M]. London: CABI Publishers, 2002.

Deolalikar A B. The Inverse Relationship between Productivity and Farm Size: A Test Using Regional Data from India [J]. American Journal of Agricultural Economics, 1981, 63 (3): 275-279.

Dolan C, Humphrey J. Governance and trade in fresh vegetables: the impact of UK supermarkets on the African horticultural industry [J]. Journal of Development Studies, 2001 (37): 147-176.

Eleni Z. Gabre-Madhin. Market institutions, transaction costs, and social capital in the Ethiopian grain market [R]. IFPRI Research Report, No. 124. Washington, D. C. : International Food Policy Research, 2001.

Ellis F. Peasant Economics [M]. Cambridge: Cambridge University Press, 1987.

Fan S. Effects of Technological Change and Institutional Reform on Production Growth in Chinese Agriculture [J]. American Journal of Agricultural Economics, 1991, 73 (5): 266-275.

Fernandez Cornejo J, Mcbride W. Adoption of Bioengineered Crops [R]. Agricultural Economics Reports, 2002: 1-3.

Firth D. Bias Reduction of Maximum Likelihood Estimates [J]. Biometrika, 1993, 80 (1) : 27.

Fried, Lovell, Schmidt and Yaisawarng, Accounting for Environmental Effects and Statistical Noise in Data Envelopment Analysis [J]. Journal of Productivity Analysis, 2002 (17): 121-136.

Grisley W, Kellogg E D. Risk-taking preferences of farmers in Northern Thailand-measurement and implications [J]. Agricultural Economics, 1980, 1 (2): 127-142.

Haag S, Jaska P, Semple J. Assessing the Relative Efficiency o f Agricultural Production Units in the Black land Prairie, Texas [J]. Applied Economics, 1992, 24 (5): 55-65.

Hans P Binswanger, Donald A. Sillers. Risk aversion and credit constraints in farmers'decision making: A reinterpretation [J]. The Journal of Development Studies, 1983, 20 (1): 5-21.

Heinze G, Schemper M. A Solution to the Problem of Separation in Logistic Regression [J]. Statistics in Medicine, 2002, 21 (16): 2409-2419.

Hobbs J E. A Transaction Cost Analysis of Finished Beef Marketing in the United Kingdom [D]. University of Aberdeen, 1995.

Hobbs J E. Measuring the Importance of Transaction Costs in Cattle Marketing [J]. American Journal of Agricultural Economics, 1997, 79 (4): 1083-1095.

Kawagoe T, Hayami Y, Ruttan V W. The intercountry agricultural production function and productivity differences among countries [J]. Journal of Development Economics, 1988, 19 (1-2): 113-132.

Lin J Y. Rural Reforms and Agricultural Growth in China [J]. American Economic Review, 1992, 82 (1): 34-51.

Norman D W. Economic Rationality of Traditional Hausa Dryland Farmers In The North of Nigeria [M]. Iowa State University Press, 1997.

Pingali Prabhu L. From Subsistence to Commercial Production Systems: The Transformation of Asian Agriculture [J]. American Journal of Agricultural Economics, 1997, 79 (2): 628-634.

Pingali P, Khwaja Y, Meijer M. Commercializing small farms: Reducing transaction costs [J]. The future of small farms, 2005 (61): 5-8.

Restuccia D, Yang D T, Zhu X. Agriculture and aggregate productivity: A quantitative cross-country analysis [J]. Journal of Monetary Economics, 2008, 55 (2): 234-250.

Ruttan V W. Productivity Growth in World Agriculture: Sources and Constraints [J]. American Economic Association, 2002, 16 (4): 161-184.

Ruttan Veron W. The Green Revolution: Seven Generalizations [J]. International Development Review, 1977, 19 (4): 16-23.

Saha A, Love H A, Schwart R. Adoption of Emerging Technologies under Output Uncertainty [J]. American Journal of Agricultural Economics, 1994, 76 (4): 836-846.

Scott J C. The Moral Economy of the Peasant: Rebellion and Subsistence in Southeast Asia [M]. Yale University Press, 1976.

Vollrath D. Land Distribution and International Agricultural Productivity [J]. American Journal of Agricultural Economics, 2007, 89 (1): 202-216.

后记
POSTSCRIPT

　　本书是笔者在博士论文的基础上修改而成。三年的博士生涯转眼即逝，当初选题时纠结于西瓜是小品种，不起眼、冷门、没地位……不想写……但导师开阔的视野点醒了我的狭隘之想，最终还是确定以西瓜农户作为具体的研究对象。定题后走村串巷调研的情景犹在昨天。在查阅文献、实地调研、研究和撰写论文的过程中，我深深感到从事市场化、专业化农产品生产经营的农户具有强烈的市场经营意识、创新意识。农民无论是主动还是被动地卷入市场浪潮中，都越来越容易受到自己所控制不了的价格波动的冲击，他们不仅要承担农作物产量波动的全部风险，而且要承担商品市场波动的全部风险。农民作为分散的生产者独自面对市场，是整个市场链条的最低端，不得不接受不公平交易的发生，不得不接受市场价格大起大落的市场波动。帮助农户减少市场化、专业生产经营面临的约束，降低农户参与农产品市场的交易成本，提高农户农业生产市场竞争力和抵御市场风险的能力，是保障农民收入持续稳定增加的根本动力和重要源泉。市场越来越开放的情境下农户的行为和选择是一个值得关注的课题。关注和解释小农户的专业化、市场化农产品生产经营行为，需要多角度探索和思考，本书在这些方面做了一些探索性研究，所得结论能对这一问题的解决有些许贡献，乃是本书研究的初衷。本研究尚有诸多不足之处，目前国内对小作物数据收集与积累的重视不足，本研究中西瓜产业的相关数据几乎全靠实地调研，囿于问卷调查工作量所限，样本规模和实地调研区域范围较小，在普遍性上有所欠缺，且本书只有农户的截面数据，无法对农户行为进行动态研究。对农户生产经营风险规避行为的分析也较为粗浅。若有后续研究，需进一步规范调研与样本的选取，扩大调查范围，弥补本书的不足，并深化研究内容。不足与遗憾，学问与务民生之本，没有休止符，永远在路上。

书稿付梓之即，掩卷思量，饮水思源，在此谨表达拳拳谢意。在本书的写作过程中，笔者深刻感觉"学无止境"与"力有不逮"的压力，没有各位老师、调研相关人员、同学等的帮助，本书不可能完成，现一并致谢。首先，感谢朱希刚老师、田维明教授、林万龙教授、李秉龙教授、乔娟教授、陈永福教授、孔祥智教授、仇焕广教授、姜长云研究员、罗其友研究员等在写作过程中给予的宝贵修改意见。特别感谢崔琦博士在本书写作中提供的帮助和指导。其次，本书的撰写依赖于一手农户调查数据，调研恰遇农忙季，中午田头问，晚上十点蹲守农民朋友家里做问卷，调研中遇到一些周折，但最终都在众人的帮助之下完成预期计划，在此对在调研期间提供帮助和支持的老师、政府相关部门的领导和工作人员以及给予我积极配合的众多农民朋友们深表谢意。本书还得到了"国家西甜瓜现代农业产业技术体系建设专项经费"的资助（CARS-26-23），特此致谢。

文长存

2017 年 11 月 25 日